GEOMETRIA DIFERENCIAL

DIALÓGICA

O selo DIALÓGICA da Editora InterSaberes faz referência às publicações que privilegiam uma linguagem na qual o autor dialoga com o leitor por meio de recursos textuais e visuais, o que torna o conteúdo muito mais dinâmico. São livros que criam um ambiente de interação com o leitor – seu universo cultural, social e de elaboração de conhecimentos –, possibilitando um real processo de interlocução para que a comunicação se efetive.

GEOMETRIA DIFERENCIAL

Willian Velasco

EDITORA
intersaberes

EDITORA intersaberes

Rua Clara Vendramin, 58 – Mossunguê
CEP 81200-170 – Curitiba – PR – Brasil
Fone: (41) 2106-4170
www.intersaberes.com
editora@editoraintersaberes.com.br

Conselho editorial
Dr. Ivo José Both (presidente)
Drª Elena Godoy
Dr. Neri dos Santos
Dr. Ulf Gregor Baranow

Editora-chefe
Lindsay Azambuja

Supervisora editorial
Ariadne Nunes Wenger

Analista editorial
Ariel Martins

Preparação de originais
Mariana Bordignon

Edição de texto
Fábia Mariela
Tiago Krelling Marinaska

Capa
Luana Machado Amaro

Projeto gráfico
Sílvio Gabriel Spannenberg

Adaptação do projeto gráfico
Kátia Priscila Irokawa Muckenberger

Diagramação
Kátia Priscila Irokawa Muckenberger

Equipe de *design*
Sílvio Gabriel Spannenberg
Charles L. da Silva
Mayra Yoshizawa

Iconografia
Sandra Lopis da Silveira
Regina Claudia Cruz Prestes

Dados Internacionais de Catalogação na Publicação (CIP)
(Câmara Brasileira do Livro, SP, Brasil)

Velasco, Willian Goulart Gomes
   Geometria diferencial/Willian Goulart Gomes Velasco.
Curitiba: InterSaberes, 2020.

   Bibliografia.
   ISBN 978-85-227-0192-6

1. Geometria diferencial I. Título.

19-30669   CDD-516.7

Índices para catálogo sistemático:
1. Geometria diferencial   516.7
         Cibele Maria Dias – Bibliotecária – CRB-8/9427

1ª edição, 2020.
Foi feito o depósito legal.

Informamos que é de inteira responsabilidade do autor a emissão de conceitos.

Nenhuma parte desta publicação poderá ser reproduzida por qualquer meio ou forma sem a prévia autorização da Editora InterSaberes.

A violação dos direitos autorais é crime estabelecido na Lei n. 9.610/1998 e punido pelo art. 184 do Código Penal.

Sumário

7 *Apresentação*
8 *Como aproveitar ao máximo este livro*
11 *Introdução*

13 Capítulo 1 – Curvas
13   1.1 Parametrização
27   1.2 Curvas regulares e comprimento de arco
36   1.3 Curvatura
57   1.4 Fórmulas de Frenet-Serret
60   1.5 Teoremas fundamentais das curvas

73 Capítulo 2 – Superfícies
73   2.1 Superfícies regulares
78   2.2 Teoremas de superfície
85   2.3 Reparametrização, mudança de coordenadas e funções diferenciáveis
92   2.4 Plano tangente e a diferencial
97   2.5 Vetor normal e orientação

109 Capítulo 3 – Formas fundamentais e curvatura
109   3.1 Primeira forma fundamental
116   3.2 Segunda forma fundamental
126   3.3 Curvaturas
130   3.4 Transformações conformes e equiareais

141 Capítulo 4 – Geometria intrínseca I
141   4.1 Geodésicas
144   4.2 Símbolos de Christoffel
149   4.3 Exponencial
156   4.4 Transporte paralelo

169 Capítulo 5 – Geometria intrínseca II
169   5.1 Equações de compatibilidade
171   5.2 Teorema Egregium de Gauss
173   5.3 Teorema fundamental das superfícies

183	Capítulo 6 – Gauss-Bonnet
183	6.1 Teoremas de Hopf e Jordan
186	6.2 Teorema de Gauss-Bonnet local
192	6.3 Característica de Euler
193	6.4 Teorema de Gauss-Bonnet global
198	*Considerações finais*
199	*Referências*
200	*Bibliografia comentada*
201	*Respostas*
211	*Sobre o autor*

Apresentação

Esta obra está fundamentada em conceitos de cálculo de variáveis e álgebra linear. No decorrer dos capítulos, demonstramos como essas disciplinas se intercambiam e fornecem a gênese do estudo de geometria diferencial. Desse modo, interpretaremos propriedades geométricas (muitas vezes, facilmente desenháveis, porém difíceis de demonstrar) com o auxílio de derivadas parciais e produtos internos.

Nossa abordagem é embasada em definições, proposições e teoremas; exemplos existem e são utilizados para ajudar a sedimentar o conteúdo. Cada capítulo conta com um grupo de exercícios e é de extrema importância que o leitor os pratique. Alguns são decorrências diretas de um assunto do texto, outros demandam mais tempo e mais esforço.

A obra está dividida em seis capítulos. Nos Capítulos 1 e 2, abordamos a teoria de curvas. Nos capítulos seguintes, 3 e 4, tratamos da geometria intrínseca das superfícies (nosso objeto de estudo). No Capítulo 5, apresentamos resultados clássicos devidos a Gauss e, no Capítulo 6, o teorema de Gauss-Bonnet e sua relação com topologia.

Por meio da leitura e da compreensão deste texto, você, leitor, estará preparado para estudos mais avançados.

Para finalizar, sugerimos que, sempre que possível, use como auxílio os livros indicados nas referências.

Como aproveitar ao máximo este livro

Empregamos nesta obra recursos que visam enriquecer seu aprendizado, facilitar a compreensão dos conteúdos e tornar a leitura mais dinâmica. Conheça a seguir cada uma dessas ferramentas e saiba como elas estão distribuídas no decorrer deste livro para bem aproveitá-las.

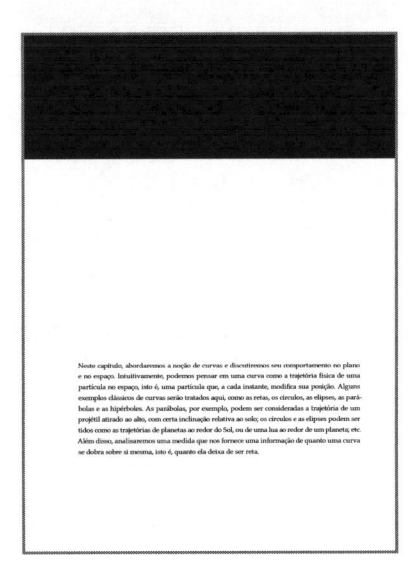

Introdução do capítulo
Logo na abertura do capítulo, informamos os temas de estudo e os objetivos de aprendizagem que serão nele abrangidos, fazendo considerações preliminares sobre as temáticas em foco.

Síntese
Ao final de cada capítulo, relacionamos as principais informações nele abordadas a fim de que você avalie as conclusões a que chegou, confirmando-as ou redefinindo-as.

Atividades de autoavaliação

Apresentamos estas questões objetivas para que você verifique o grau de assimilação dos conceitos examinados, motivando-se a progredir em seus estudos.

Atividades de aprendizagem

Aqui apresentamos questões que aproximam conhecimentos teóricos e práticos a fim de que você analise criti¬camente determinado assunto.

Bibliografia comentada

Nesta seção, comentamos algumas obras de referência para o estudo dos temas examinados ao longo do livro.

Introdução

A geometria e as propriedades das superfícies constituem-se em um ramo muito rico e de resultados célebres da grande área da geometria. As técnicas usadas no decorrer dos estudos de geometria diferencial, em especial, são aplicações diretas de cálculo de várias variáveis, álgebra linear e alguns tópicos de equações diferenciais.

Os resultados deste texto são apresentados em seu tratamento clássico: utilizando superfícies regulares parametrizadas por difeomorfismos tais que, em cada ponto, existe apenas um espaço tangente. Essa abordagem de resultados clássicos, como os teoremas de Gauss – Egregrium – e Gauss-Bonnet – Elegantissimum – é diretamente extraída dos estudos do artigo "Disquisitiones Generales circa Superficies Curvas", de Gauss, do ano de 1828.

Nos quatro primeiros capítulos deste livro, discorremos sobre as principais propriedades das curvas (planas e espaciais), das superfícies e suas curvaturas. Esses estudos, juntamente aos teoremas apresentados no quinto capítulo, vão propiciar a formulação e a demonstração, em sua quase totalidade, do teorema de Gauss-Bonnet.

Procuramos utilizar uma linguagem clara e evitamos argumentos como "é fácil ver que" ou "facilmente se vê que". Tanto quanto possível, todas as contas para determinado resultado são apresentadas ou (quando não for possível), pelo menos, indicadas.

Grande parte da dificuldade do estudo de geometria é oriunda da tecnicalidade para se demonstrar algo, que, muitas vezes, é fácil de ser desenhado. Ao longo das definições, buscamos apresentar motivações e exemplos (em alguns casos, com imagens) para que o leitor tenha compreensão do fato exposto. Quanto aos resultados (altamente) não triviais e intuitivos, exploramos motivações e discussões sobre o tópico.

Desejamos que o leitor que simpatize com o assunto não se detenha em procurar generalizações dos estudos das superfícies: as variedades. Uma continuação natural dos materiais aqui apresentados é a análise das variedades diferenciáveis riemannianas. Em um grau mais elevado de abstração, essa teoria engloba grandes áreas da matemática moderna, como álgebra moderna (teoria das categorias, homologia e cohomologia), topologia (clássica, diferencial e algébrica) e técnicas de análise geométrica.

Neste capítulo, abordaremos a noção de curvas e discutiremos seu comportamento no plano e no espaço. Intuitivamente, podemos pensar em uma curva como a trajetória física de uma partícula no espaço, isto é, uma partícula que, a cada instante, modifica sua posição. Alguns exemplos clássicos de curvas serão tratados aqui, como as retas, os círculos, as elipses, as parábolas e as hipérboles. As parábolas, por exemplo, podem ser consideradas a trajetória de um projétil atirado ao alto, com certa inclinação relativa ao solo; os círculos e as elipses podem ser tidos como as trajetórias de planetas ao redor do Sol, ou de uma lua ao redor de um planeta; etc. Além disso, analisaremos uma medida que nos fornece uma informação de quanto uma curva se dobra sobre si mesma, isto é, quanto ela deixa de ser reta.

1
Curvas

1.1 Parametrização

Iniciaremos com a definição de curva parametrizada, que será o objeto principal deste capítulo. É importante ressaltar que o objetivo aqui é mostrar uma grande variedade de exemplos de curvas a serem utilizadas ao longo do texto. Além disso, trataremos das diferentes orientações de curvas sob o ponto de vista de reparametrizações e de mudanças de orientação.

Definição 1.1

Curva parametrizada diferenciável (ou, simplesmente, curva): é uma função $\alpha: I \to \mathbb{R}^n$, em que $I \subset \mathbb{R}$ é um intervalo (aberto, fechado ou semiaberto) e α satisfaz as seguintes condições:

I. α é localmente injetiva, isto é, para todo $t \in I$, existe um intervalo J_t contendo t, tal que $\alpha|_{J_t}$ é injetiva;

II. α é diferenciável de classe C^k, isto é, para todo ponto de I, existem as derivadas de α de ordem menor ou igual a k (k pode ser infinito).

Na sequência, veremos alguns exemplos de curvas, mas antes vejamos observações importantes acerca da definição apresentada.

Observação 1.1

1. Na definição anterior, dizemos que a variável t é o parâmetro da curva α.
2. O conjunto imagem de α é denominado **traço da curva**. Devemos ter cuidado com essa noção, pois costumeiramente identificamos o traço da curva α com a própria curva α. Entretanto, α é uma função e $Im(\alpha) \subset \mathbb{R}^n$ é um conjunto. Além disso, veremos mais à frente que diferentes curvas podem ter o mesmo traço.
3. Por definição, exigiremos diferenciabilidade da curva para evitar casos patológicos, por exemplo, as curvas de Hilbert. Essas curvas preenchem quadrados de forma contínua por meio de fractais (estes não são diferenciáveis pela existência de muitas quinas).

Figura 1.1 – Ideia da construção das curvas de Hilbert

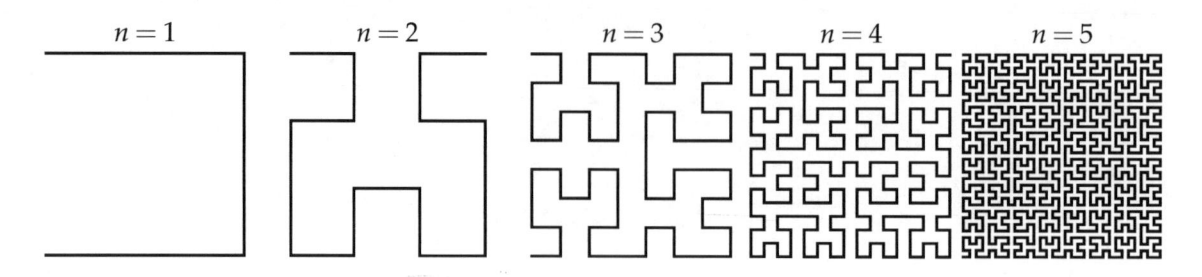

Exemplo 1.1

Veremos aqui algumas curvas usuais em geometria diferencial que têm grande importância geométrica e facilitarão a compreensão dos próximos conceitos.

1. **Retas** – sejam $v = (v_1, v_2, ..., v_n) \in \mathbb{R}^n$ e $p_0 = (x_1, x_2, ..., x_n) \in \mathbb{R}^n$, definimos uma parametrização de uma reta $\mathbb{R}^n$ em passando por p_0 com direção v da seguinte forma:

$$\alpha(t) = (x_1 + v_1 t, x_2 + v_2 t, ..., x_n + v_n t)$$
$$= (x_1, x_2, ..., x_n) + t(v_1, v_2, ..., v_n)$$
$$= p_0 + t v, \; t \in \mathbb{R}.$$

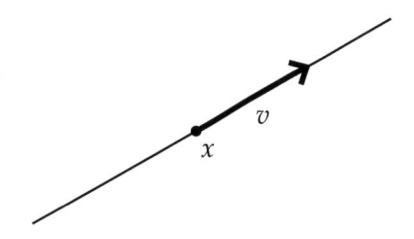

2. **Parábolas** – seja a parábola com eixo de simetria paralelo ao eixo y, cuja equação é dada por $(x - x_0)^2 = 4p(y - y_0) \Rightarrow y = \frac{1}{4p}(x - x_0)^2 + y_0$.

   Para encontrar uma parametrização dessa parábola, fazemos $t = x - x_0$, o que significa $x = t + x_0$.

   Substituindo, obtemos

   $$t^2 = 4p(y - y_0) \Rightarrow y = \frac{1}{4p}t^2 + y_0.$$

Então, a curva $\alpha: \mathbb{R} \to \mathbb{R}^2$, com

$$\alpha(t) = \left(t + x_0, \frac{1}{4p}t^2 + y_0\right)$$

é uma parametrização da parábola.

Figura 1.2 – Parábola da equação

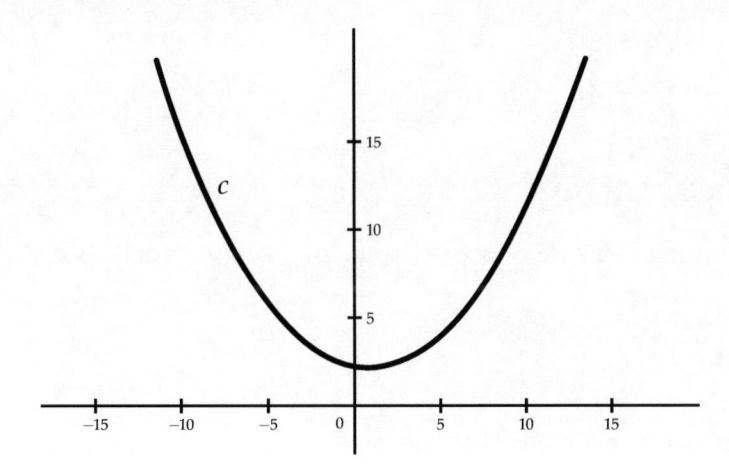

3. **Círculos** – seja Γ uma circunferência de raio $R > 0$ e centro (x_0, y_0) dada por
$(x - x_0)^2 + (y - y_0)^2 = R^2$.
Como $R \neq 0$, temos

$$\left(\frac{x - x_0}{R}\right)^2 + \left(\frac{y - y_0}{R}\right)^2 = 1.$$

Lembrando a identidade fundamental da trigonometria, isto é, a relação
$\cos^2 t + \text{sen}^2 t = 1$,
ficamos tentados a realizar a seguinte mudança de variáveis:

$$\frac{x - x_0}{R} = \cos(t) \Rightarrow x = x_0 + R\cos(t),$$

$$\frac{y - y_0}{R} = \text{sen}(t) \Rightarrow y = y_0 + R\,\text{sen}(t).$$

Dessa forma, $\alpha: \mathbb{R} \to \mathbb{R}^2$ com

$\alpha(t) = \big(x + R\cos(t), y + R\,\text{sen}(t)\big)$
$= (x_0, y_0) + R\big(\cos(t), \text{sen}(t)\big)$

é uma parametrização do círculo.

Figura 1.3 – Círculo de centro $P = (3,1)$ e raio $R = 3$

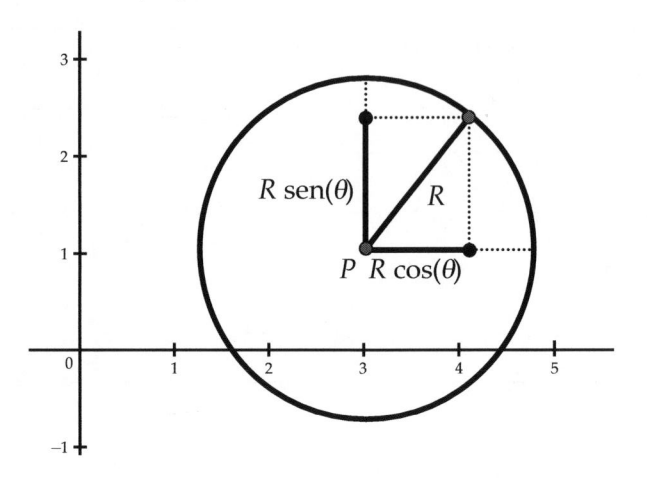

4. **Elipse** – seja Γ uma elipse de centro (x_0, y_0) e semieixos a e b dada por

$$\left(\frac{x - x_0}{a}\right)^2 + \left(\frac{y - y_0}{b}\right)^2 = 1.$$

Analogamente ao exemplo anterior, fazemos

$$\frac{x - x_0}{a} = \cos(t) \Rightarrow x = x_0 + a\cos(t),$$

$$\frac{y - y_0}{b} = \operatorname{sen}(t) \Rightarrow y = y_0 + b\operatorname{sen}(t).$$

Assim, a curva $\alpha \colon \mathbb{R} \to \mathbb{R}^2$ dada por

$\alpha(t) = (x_0 + a\cos(t), y_0 + b\operatorname{sen}(t))$
$= (x_0, y_0) + (a\cos(t), b\operatorname{sen}(t))$

é uma parametrização da elipse.

Figura 1.4 – Elipse de centro $P = (1, 2)$ equação $\left(\frac{x-1}{4}\right)^2 + \left(\frac{y-2}{3}\right)^2 = 1$

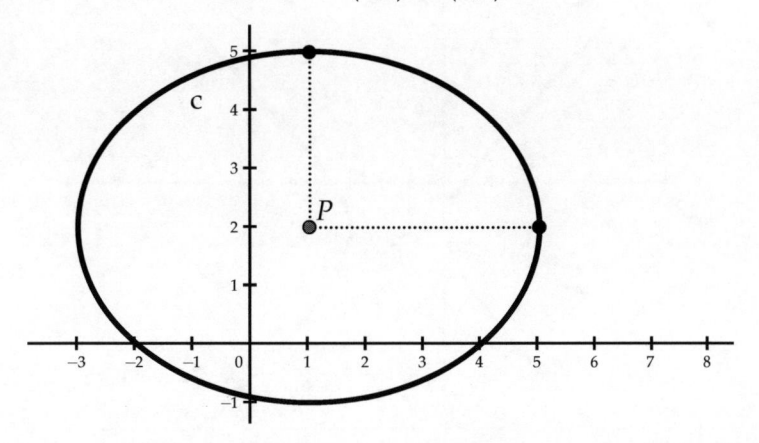

5. **Hipérbole** – uma hipérbole com eixo de simetria paralelo ao eixo y e centro (x_0, y_0) é dada pela equação

$$\left(\frac{x - x_0}{a}\right)^2 - \left(\frac{y - y_0}{b}\right)^2 = 1.$$

Para definir a equação da curva, vamos utilizar a seguinte identidade trigonométrica hiperbólica:

$\cosh^2(t) - \text{senh}^2(t) = 1$.

Assim,

$$\frac{x - x_0}{a} = \cosh(t) \Rightarrow x = x_0 + a\cosh(t),$$

$$\frac{y - y_0}{b} = \text{senh}(t) \Rightarrow y = y_0 + b\,\text{senh}(t).$$

Então, a curva $\alpha: \mathbb{R} \to \mathbb{R}^2$ definida por

$$\alpha(t) = \left(x_0 + a\cosh(t), y_0 + b\,\text{senh}(t)\right)$$
$$= \left(x_0, y_0\right) + \left(a\cosh(t), b\,\text{senh}(t)\right)$$

é uma parametrização de um dos ramos da hipérbole. Observe que essa curva não pode parametrizar os dois ramos da hipérbole, uma vez que tais ramos são desconexos, e o domínio de α é conexo, além do fato de funções contínuas levarem conjuntos conexos em conjuntos conexos.

Figura 1.5 – Hipérbole de equação $(x - 1)^2 + (y + 1)^2 = 1$

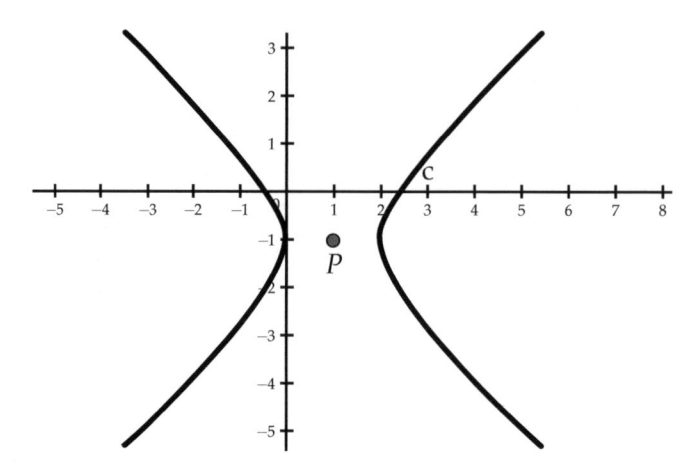

6. **Gráficos** – seja $f: I \to \mathbb{R}$ uma função de classe C^k, em que I é um conjunto qualquer, de forma geral, podemos parametrizar o gráfico f de pela curva $\alpha: I \to \mathbb{R}^2$ dada por
$\alpha(t) = (t, f(t))$.

Figura 1.6 – Gráfico de uma função

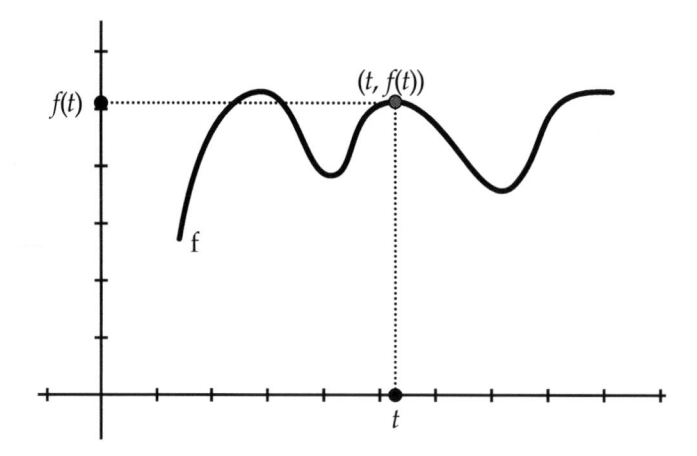

Observe que as curvas apresentadas nos exemplos de 1.1 a 1.6 são todas diferenciáveis e não têm autointerseção. Vejamos algumas curvas com interseções, isto é, não injetivas.

7. **Cardioide** – a curva $\alpha: \mathbb{R} \to \mathbb{R}^2$ de equação

$$\alpha(t) = \big(\cos(t)(2\cos(t) - 1),\ \text{sen}(t)(2\cos(t) - 1)\big)$$

é chamada de *cardioide* pela semelhança de seu traço com a forma de um coração. Observe que a não injetividade se deve ao fato de as funções coordenadas da curva α serem periódicas.

Figura 1.7 – Cardioide

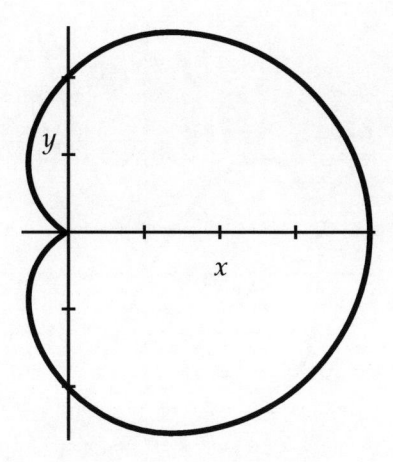

8. **Lemniscata de Bernoulli** – a curva cujo traço tem a forma do símbolo de infinito é chamada de *Lemniscata de Bernoulli* e é dada pela curva

$$\alpha(t) = \left(\frac{a\cos(t)}{1 + \sin^2(t)}, \frac{a\mathrm{sen}(t)\cos(t)}{1 + \mathrm{sen}^2(t)} \right),$$

em que *a* é uma constante positiva.

Figura 1.8 – Lemniscata de Bernoulli

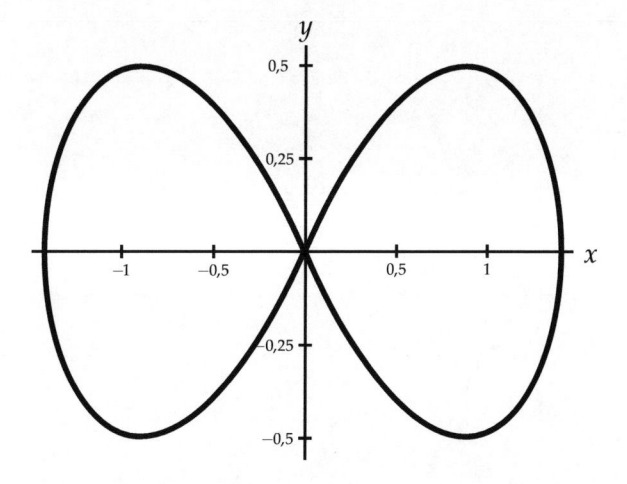

9. **Cúbica de Tschirnhausen** – a curva dada por $\alpha: \mathbb{R} \to \mathbb{R}^2$ com

$$\alpha(t) = \left(3a(3 - t^2), at(3 - t^2)\right)$$

é chamada de *cúbica de Tschirnhausen* (nome em homenagem ao matemático alemão). Observe que $\alpha(\sqrt{3}) = \alpha(-\sqrt{3}) = (0,0)$.

Figura 1.9 – Cúbica de Tschirnhausen

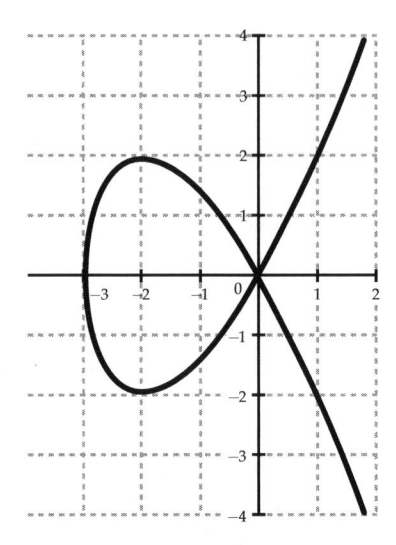

Agora, vamos apresentar exemplos de aplicações que não são curvas, uma vez que falharam na diferenciabilidade em algum ponto.

10. **Parábola semicúbica** – a curva $\alpha\colon \mathbb{R} \to \mathbb{R}^2$ dada por

    $\alpha(t) = (at^3, t^2)$, $a \in \mathbb{R}$, e $a \neq 0$,

    é chamada de *parábola semicúbica*. Note que, em $t = 0$, temos uma quina. Logo, α não é localmente diferenciável.

Figura 1.10 – Parábola semicúbica

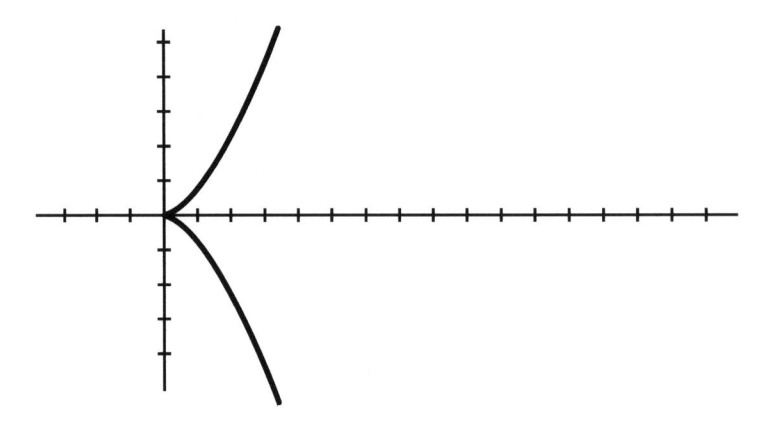

11. **Quina** – seja $\alpha\colon \mathbb{R} \to \mathbb{R}^2$ definida por

    $\alpha(t) = (t, |t|)$.

    Observe que essa função parametriza a aplicação modular

    $f(x) = |x|$.

Analogamente ao exemplo anterior, não temos diferenciabilidade: o "problema" ocorre na vizinhança de $t = 0$.

Figura 1.11 – Função modular

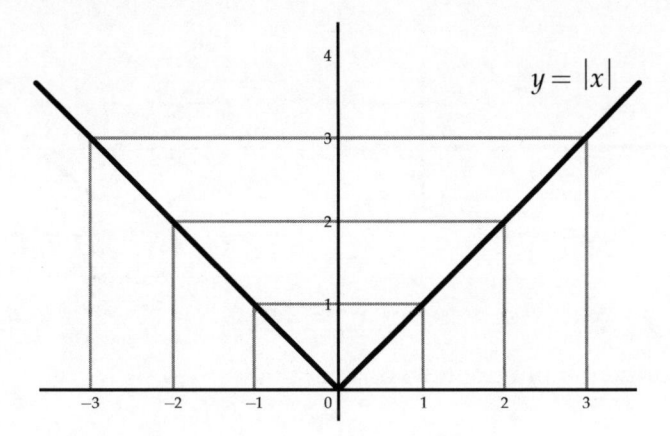

12. A aplicação $\alpha: \mathbb{R} \to \mathbb{R}^2$ dada por

$$\alpha(t) = \begin{cases} (t,0), & \text{se } t \leq 0 \\ \left(t, t^2 \operatorname{sen}\left(\dfrac{1}{t}\right)\right) & \text{se } t > 0 \end{cases}$$

não define curva, pois, escrevendo $\alpha(t) = (x(t), y(t))$ temos

$$y(t) = \begin{cases} 0, & t \leq 0 \\ t^2 \operatorname{sen}\left(\dfrac{1}{t}\right), & t > 0 \end{cases}$$

não é diferenciável de classe C^2 em $t = 0$. De fato,

$$y'(0) = \lim_{t \to 0} \frac{y - y(0)}{t - 0} = \lim_{t \to 0} t \operatorname{sen}\left(\frac{1}{t}\right) = 0.$$

Além disso, temos que

$$y''(0) = \lim_{t \to 0} \frac{y'(t) - y'(0)}{t - 0} = \lim_{t \to 0} \frac{y'(t)}{t}$$

$$= \lim_{t \to 0} \frac{1}{t}\left(2t \operatorname{sen}\left(\frac{1}{t}\right) - \cos\left(\frac{1}{t}\right)\right)$$

$$= \lim_{t \to 0} 2\operatorname{sen}\left(\frac{1}{t}\right) - \frac{1}{t}\cos\left(\frac{1}{t}\right),$$

mas esse limite não existe. Logo, não é diferenciável de classe C^2.

Figura 1.12 – Curva α(t)

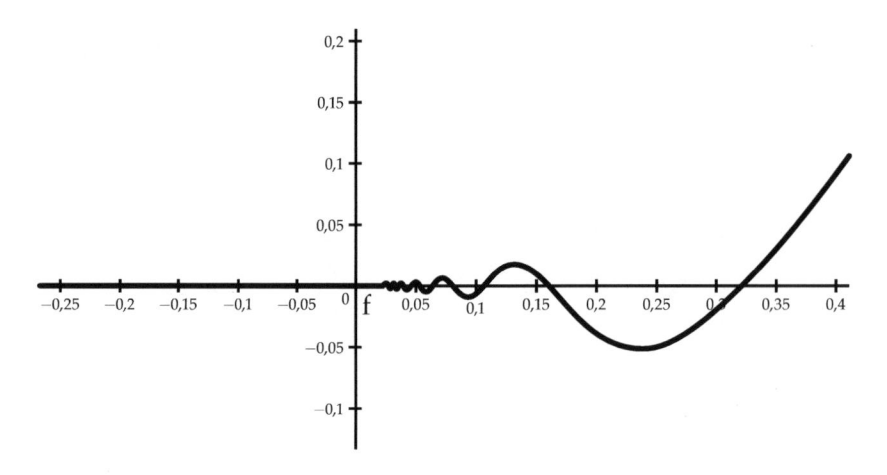

Por fim, vamos apresentar um exemplo de curva no espaço:

13. **Helicoide** – a curva $\alpha: \mathbb{R} \to \mathbb{R}^3$ com
    $\alpha(t) = (a\cos t, a\sin t, bt)$
    é chamada de *helicoide*.

Figura 1.13 – Helicoide

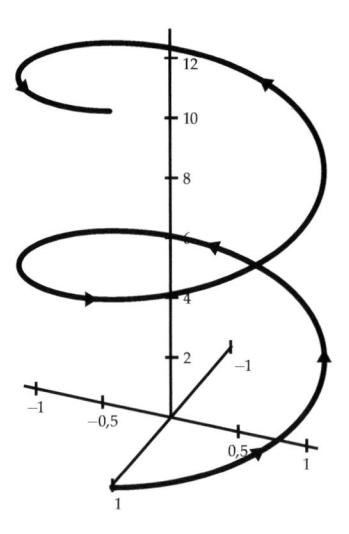

Embora tenhamos trazido em grande número de exemplos, muitas outras curvas serão apresentadas ao longo deste livro.

Definição 1.2

Derivada de curva: seja $\alpha\colon I \to \mathbb{R}^n$ uma curva com $\alpha(t) = (x_1(t), x_2(t), \ldots, x_n(t))$, a "derivada de α de ordem k" é a curva

$$\alpha^k(t) = \left(x_1^{(k)}(t),\ x_2^{(k)}(t),\ldots,\ x_n^{(k)}(t)\right).$$

Observe que as derivadas de funções de uma variável real nos dão a ideia de como se comportam tais funções, ao passo que as derivadas de uma curva nos dizem quanto uma curva se comporta em relação a cada direção do espaço. Tendo isso em vista, devemos ficar atentos à seguinte observação:

Observação 1.2

1. Caso t seja um dos extremos de I, a derivada deve ser interpretada como derivada lateral.
2. Com a notação da definição, dizemos que $\alpha'(t)$ é o vetor tangente à curva α e $|\alpha'(t)|$ é a velocidade da curva α no tempo t.

A proposição a seguir nos mostra como podemos tratar a derivada de uma curva de forma análoga à derivada de função de uma variável real.

Proposição 1.1

Suponha $\alpha\colon I \to \mathbb{R}^n$ uma curva com $\alpha(t) = \left(x_1(t),\ x_2(t),\ldots,\ x_n(t)\right)$. Então,

$$\alpha'(t) = \lim_{h \to 0} \frac{\alpha(t+h) - \alpha(t)}{h}.$$

Demonstração

Primeiramente, vamos realizar a subtração dos vetores do numerador:

$$\alpha(t+h) - \alpha(t) = \left(x_1(t+h), x_2(t+h),\ldots, x_n(t+h)\right) - \left(x_1(t), x_2(t),\ldots, x_{n(t)}\right)$$
$$= \left(x_1(t+h) - x_1(t), x_2(t+h) - x_2(t),\ldots, x_n(t+h) - x_n(t)\right).$$

Segue que

$$\frac{\alpha(t+h) - \alpha(t)}{h} = \left(\frac{x_1(t+h) - x_1(t)}{h},\ \frac{x_2(t+h) - x_2(t)}{h},\ \ldots,\ \frac{\left(x_n(t+h) - x_n(t)\right)}{h}\right).$$

Para cada tem i ∈ {1,2 ...,n}, temos

$$\lim_{h \to 0} \frac{x_i(t+h) - x_i(t)}{h} = x_i'(t).$$

Portanto,

$$\lim_{h \to 0} \frac{\alpha(t+h) - \alpha(t)}{h} = (x_1'(t), x_2'(t), \ldots, x_n'(t)) = \alpha'(t).$$

Figura 1.14 – Ideia da demonstração da Proposição 1.6

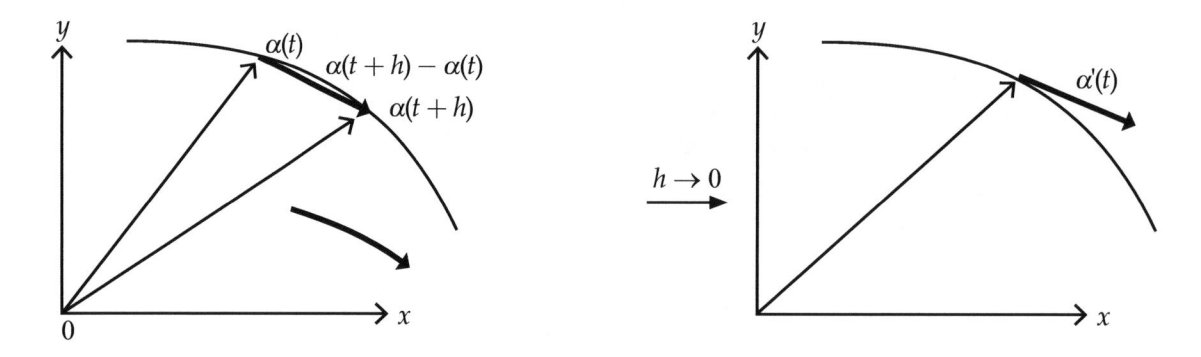

Exercício 1.1

Encontre a derivada de ordem k de todas as curvas apresentadas no Exemplo 1.1. Observe que algumas delas não têm derivadas de certas ordens em determinados pontos. Encontre tais pontos e justifique suas conclusões.

Observe as seguintes curvas:

$\alpha: \mathbb{R} \to \mathbb{R}^2$ com $\alpha(t) = (\cos(t), \text{sen}(t))$,

$\beta: \mathbb{R} \to \mathbb{R}^2$ com $\beta(t) = (\cos(at), \text{sen}(at))$, $a > 1$ *constante*.

Assim como vimos no item 3 do Exemplo 1.1, ambas as curvas são parametrizações do círculo unitário centrado na origem. Portanto, curvas diferentes podem ter o mesmo traço. Mas observe o seguinte:

$$\alpha'(t) = (-\text{sen}(t), \cos(t)) \Rightarrow |\alpha'(t)| = \sqrt{(-\text{sen}(t))^2 + (\cos(t))^2} = 1$$

$$\beta'(t) = (-a\sin(at), b\cos(at)) \Rightarrow |\beta'(t)| = \sqrt{(-a\text{sen}(t))^2 + (a\cos(at))^2} = a = a \cdot 1$$

Isto é, a segunda curva tem a vezes a velocidade da primeira. Caso $a = 3$, a curva β parametriza o círculo unitário com o triplo de velocidade que a curva α.

Figura 1.15 – Imagens das curvas α e β respectivamente

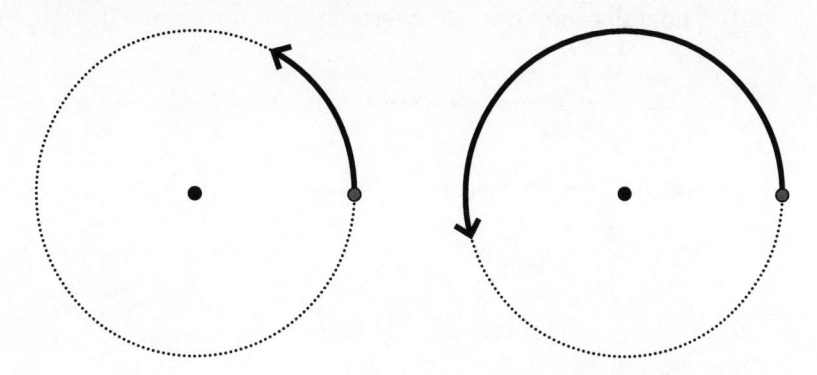

Podemos interpretar a curva β como uma nova parametrização de α. Assim, temos a definição a seguir.

Definição 1.3
Reparametrização: suponhamos que $\alpha: I \to \mathbb{R}^n$ seja uma curva de classe C^k tal que $\alpha'(t) \neq 0$ para cada $t \in I$. Uma reparametrização de α é uma função da forma

$$\tilde{\alpha} = \alpha \circ f : \tilde{I} \to \mathbb{R}^n,$$

em que $\tilde{I}$ é um intervalo e $f: \tilde{I} \to I$ é uma bijeção diferenciável com derivada não nula em todos os pontos de $\tilde{I}$.

Observe que uma reparametrização de uma curva tem o mesmo traço que a curva original, porém pode percorrê-la no sentido contrário. Assim, temos a definição a seguir, como é o caso das curvas $\alpha(t) = (\cos(t), \text{sen}(t))$ e $\alpha \pm (t) = (\cos(t), \text{sen}(t))$ e $\beta(t) = (\cos(-t), \text{sen}(-t))$.

Figura 1.16 – Imagens das parametrizações α e β respectivamente

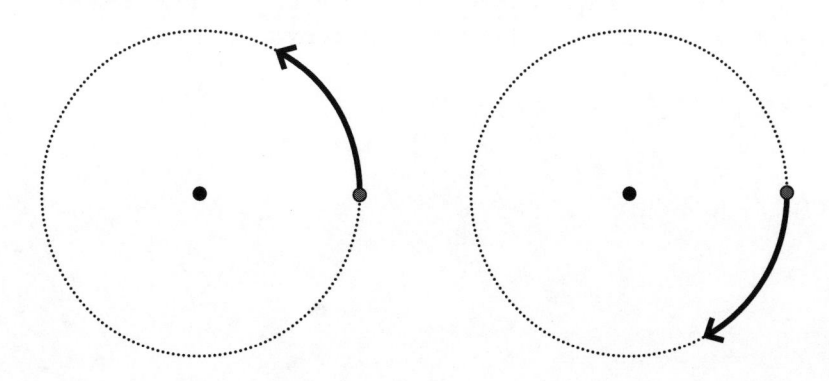

Definição 1.4

Orientação: sejam $\alpha: I \to \mathbb{R}^n$ e p_0, p_1 pontos no traço de α. A orientação de α é o sentido do percurso do traço de α que vai de p_0 até p_1, isto é, α está orientada de p_0 para ou de p_1 para p_0.

É necessário, então, estudar como variam as derivadas de duas curvas em que uma é a reparametrização da outra, nos casos em que se reverte ou não a parametrização. Nesse sentido, temos a Observação 1.3.

Observação 1.3

1. Aplicando a regra da cadeia para funções reais a cada componente da função $\tilde{\alpha}$, da definição anterior, obtemos

$$\tilde{\alpha}'(t) = (\alpha \circ t)'(t) = \alpha'(f(t)) \cdot f'(t).$$

Como α' e f' nunca se anulam, $\tilde{\alpha}'$ também não se anula.

2. A hipótese $f' \neq 0$ implica $f' > 0$ ou $f' < 0$ em $\tilde{I}$.

Assim, uma reparametrização pode ser classificada em:

I. preserva orientação, no caso em que $f' > 0$;

II. reverte orientação, no caso em que $f' < 0$.

Vejamos, a seguir, mais alguns exemplos de curvas, agora com relação a reparametrizações.

Exemplo 1.2

1. Sejam as curvas

$\alpha: [-2, 2] \to \mathbb{R}^2$ com $\alpha(t) = (t, t^2)$

e

$\tilde{\alpha}: [-1, 1] \to \mathbb{R}^2$ com $\tilde{\alpha}(t) = (2t, (2t)^2)$.

Intuitivamente, vemos que ambas as curvas são parametrizações da parábola $y = x^2$ quando x varia no intervalo $[-2, 2]$, mas os parâmetros não são os mesmos. Definimos:

$f: [-1, 1] \to [-2, 2]$ por $f(t) = 2t$.

Assim,

$\tilde{\alpha}(t) = \alpha(f(t)) = (\alpha \circ f)(t).$

Isso nos mostra que $\tilde{\alpha}$ é uma reparametrização de α. E mais, como
$f'(t) = 2, \forall\, t \in [-1,1]$,

vemos que essa reparametrização preserva orientação.

2. Dada uma parametrização do círculo unitário $\alpha\colon \mathbb{R} \to \mathbb{R}^2$ com
$\alpha(t) = (\cos(t), \operatorname{sen}(t))$,
uma reparametrização que reverte a orientação pode ser dada pela aplicação
$f\colon \mathbb{R} \to \mathbb{R}$, com $f(t) = -t$.
Assim, $\tilde{\alpha}\colon \mathbb{R} \to \mathbb{R}^2$ dada por
$\tilde{\alpha}(t) = (\alpha \circ f)(t) = (\cos(-t), \operatorname{sen}(-t))$.

Exercício 1.2
Encontre reparametrizações para todas as curvas do Exemplo 1.1.

1.2 Curvas regulares e comprimento de arco
Considere a curva $\alpha\colon \mathbb{R} \to \mathbb{R}^2$ dada por
$\alpha(t) = (t, |t|)$,
apresentada no Exemplo 1.1. O traço dessa curva está representado na figura a seguir.

Figura 1.16 – Traço da curva $\alpha(t) = (t, |t|)$

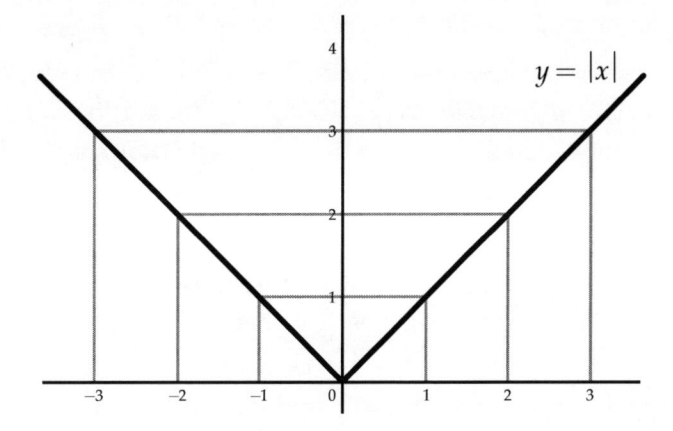

Ao estudarmos tal curva, podemos nos questionar sobre a existência de retas tangentes. No caso dessa curva α, a existência de uma quina em $t = 0$ nos mostra que tal reta tangente não está bem definida nesse ponto.

A Definição 1.5, a seguir, limita nossa classe de curvas, as quais admitirão retas tangentes em todos os pontos.

Definição 1.5

Curva regular: é uma curva $\alpha\colon I \to \mathbb{R}^n$ tal que $\alpha'(t)$ existe e é não nulo para cada $t \in I$.

Nossa definição permite autointerseções da curva, mas não é interessante para nosso estudo se a curva se voltar sobre si. Por exemplo, a curva $\alpha\colon \mathbb{R} \to \mathbb{R}^2$ dada por $\alpha(t) = (t^2, t^2)$, com $t \in \mathbb{R}$, é tal que $\alpha(-1) = \alpha(1) = (1, 1)$, entretanto, $\alpha'(-1) = -\alpha'(1) = -(2, 2)$, ou seja, podemos ter vetores tangentes distintos. Observe, ainda, que esse caso não é tão grave, uma vez que as retas tangentes coincidiriam. Porém, tomando a curva dada por $\beta(t) = (\cos(t), t\cos(t))$, em que $\beta'(t) = (-\text{sen}(t), -t\text{sen}(t) + \cos(t))$, de forma que, mesmo $\beta\left(\frac{\pi}{2}\right) = \beta\left(\frac{3\pi}{2}\right) = (0,0)$, temos os vetores $\beta'\left(\frac{\pi}{2}\right) = \left(-1, -\frac{\pi}{2}\right)$ e $\beta'\left(\frac{3\pi}{2}\right) = \left(1, \frac{3\pi}{2}\right)$ não são nem ao menos paralelos. Portanto, como veremos adiante, determinam retas tangentes distintas.

Vimos que uma curva é localmente injetiva se, para todo ponto de seu domínio, existir uma vizinhança na qual ela seja injetiva. Curvas com essa propriedade não apresentam o comportamento descrito nos casos patológicos anteriores.

Observação 1.4

1. Note que, se $\alpha\colon I \to \mathbb{R}^n$ é uma curva de classe C^1 regular, então α é localmente injetiva. De fato, dado $t_0 \in I$ vamos exibir uma vizinhança U de t_0 em I tal que $\alpha|U$ seja injetiva. Escrevamos $\alpha(t) = (x_1(t), x_2(t), \ldots, x_n(t))$. A hipótese $\alpha'(t) \neq 0$ para cada $t \in I$ implica

$$\alpha'(t_0) = \left(x'_1(t_0), x'_2(t_0), \ldots, x'_n(t_0)\right) \neq 0,$$

ou seja, existe $i \in \{1, 2, \ldots, n\}$, tal que

$$x'_i(t_0) \neq 0 \Rightarrow x'_i(t_0) > 0 \text{ ou } x'_i(t_0) < 0.$$

Por hipótese, também a curva é de classe C^1, então x'_i é contínua. Dessa forma, caso $x'_i(t_0) > 0$, pela propriedade da conservação do sinal de funções contínuas, existe uma vizinhança U_{t_0} de t_0 em I tal que x_i é crescente nesse intervalo. Assim, x_i é injetiva e, por consequência, α é injetiva. O caso, $x'_i(t_0) > 0$ é análogo. Portanto, α é injetiva.

2. Dada uma curva regular $\alpha\colon I \to \mathbb{R}^n$, temos que $\tilde{\alpha}(t) = \alpha(-t)$ é uma reparametrização de α que não preserva orientação, ou seja, inverte o sentido.

   É interessante, dada uma curva, encontrar sua reta tangente, assim como ocorre com funções contínuas de uma variável real. Desse modo, temos a Definição 1.6.

Definição 1.6

Reta tangente: seja $\alpha\colon I \to \mathbb{R}^2$ uma curva regular. Definimos a reta tangente à curva α no ponto $t_0 \in I$ pela função $r\colon \mathbb{R} \to \mathbb{R}^2$ dada por

$$r(s) = \alpha(t_0) + s\,\alpha'(t_0).$$

Exercício 1.3
Determine quais curvas do Exemplo 1.1 são regulares e calcule as retas tangentes para essas curvas.

Até o momento, sabemos o que é uma curva e vimos diversos exemplos. Uma pergunta natural é saber se podemos medir o comprimento de determinada curva. Vejamos, a seguir, como podemos proceder nesse caso.

Suponha que $\alpha: I \to \mathbb{R}^3$ seja uma curva regular e considere $[a, b] \subset I$. Para qualquer partição P de $[a, b]$ da forma
$$a = t_0 < t_1 < \ldots < t_n = b,$$
consideremos a soma
$$\ell(a, P) \doteq \sum_{i=1}^{n} \left| \alpha(t_i) - \alpha(t_{i-1}) \right|.$$

Geometricamente, estamos aproximando o traço de α por um polígono inscrito em $\alpha([a, b])$. Intuitivamente, quanto mais pontos houver em nossa partição, mais próxima do comprimento da curva estará a soma $\ell(a, P)$.

Figura 1.17 – Exemplo de partição de uma curva

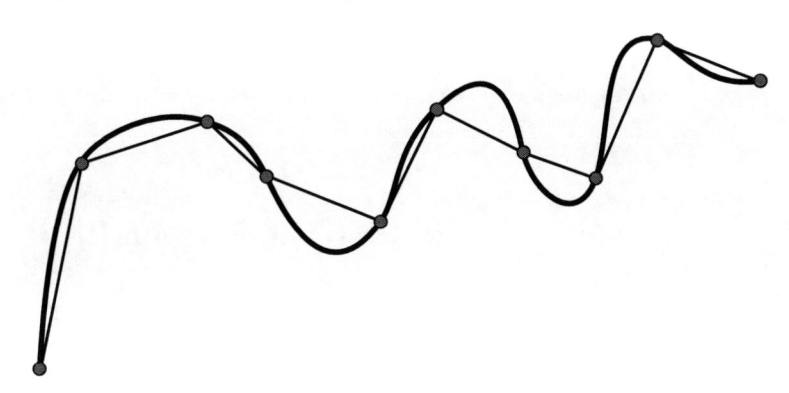

De maneira mais formal, temos a seguinte afirmação:

Afirmação 1.1
Dado $\varepsilon > 0$, existe $\delta > 0$ tal que, se
$$|P| \doteq \max_{1 \leq i \leq n} \left| t_i - t_{i-1} \right| < \delta,$$

então

$$\left| \int_a^b |\alpha'(t)| dt - \ell(\alpha, P) \right| < \varepsilon.$$

Demonstração

De fato, por definição da integral de Riemann, dado $\varepsilon > 0$, $\delta_1 > 0$ existe tal que, se $|P| < \delta_1$, temos

$$\left| \int_a^b |\alpha'(t)| dt - \sum_{i=1}^n (t_i - t_{i-1}) |\alpha'(\overset{\circ}{t}_i)| \right| < \frac{\varepsilon}{2},$$

em que $\overset{\circ}{t}_i$ é o ponto médio do intervalo $[t_{i-1}, t_i]$. Observe que α é regular e diferenciável em $[a, b]$; logo, é uniformemente contínuo. Assim, para o mesmo $\varepsilon > 0$, existe $\delta_2 > 0$ tal que, se $p, q \in [a, b]$ e $|p - q| < \delta_2$, então

$$\frac{|\alpha'(p) - \alpha'(q)|}{b - a} < \frac{\varepsilon}{2}.$$

Definimos $\delta \doteq \min\{\delta_1, \delta_2\}$. Então, se $|P| < \delta$, utilizando o teorema do valor médio, temos que existe $\overline{t}_i \in [t_{i-1}, t_i]$ para cada $i \in \{1, 2, \ldots, n\}$ tal que $\alpha(t_i) - \alpha(t_{i-1}) = \alpha'(\overline{t}_i)(t_i - t_{i-1})$, do que resulta:

$$\left| \sum_{i=1}^n |\alpha(t_i) - \alpha(t_{i-1})| - \sum_{i=1}^n (t_i - t_{i-1}) |\alpha'(\overset{\circ}{t}_i)| \right| = \left| \sum_{i=1}^n \left(|\alpha(t_i) - \alpha(t_{i-1})| - (t_i - t_{i-1}) |\alpha'(\overset{\circ}{t}_i)| \right) \right|$$

$$\leq \sum_{i=1}^n \left| |\alpha(t_i) - \alpha(t_{i-1})| - (t_i - t_{i-1}) |\alpha'(\overset{\circ}{t}_i)| \right|$$

$$= \sum_{i=1}^n \left| (t_i - t_{i-1}) |\alpha'(\overline{t}_i)| - (t_i - t_{i-1}) |\alpha'(\overset{\circ}{t}_i)| \right|$$

$$= \sum_{i=1}^n (t_i - t_{i-1}) \left| |\alpha'(\overline{t}_i)| - |\alpha'(\overset{\circ}{t}_i)| \right|$$

$$\leq \sum_{i=1}^{n}(t_i - t_{i-1})\max_i \left|\left|\alpha'(\overline{\overline{t_i}})\right| - \left|\alpha'(\overline{t_i})\right|\right|$$

$$= (b-a)\max_i \left|\left|\alpha'(\overline{\overline{t_i}})\right| - \left|\alpha'(\overline{t_i})\right|\right|$$

$$\leq (b-a) \cdot \frac{\varepsilon}{2(b-a)} = \frac{\varepsilon}{2}.$$

E segue que:

$$\left|\int_a^b |\alpha'(t)|\,dt - \ell(a,P)\right|$$

$$= \left|\int_a^b |\alpha'(t)|\,dt - \sum_{i=1}^{n} |\alpha(t_i) - \alpha(t_{i-1})|\right|$$

$$\leq \left|\int_a^b |\alpha'(t)|\,dt - \sum_{i=1}^{n}(t_i - t_{i-1})|\alpha'(t_i)|\right| + \left|\sum_{i=1}^{n}(t_i - t_{i-1})|\alpha'(t_i)| - \sum_{i=1}^{n}|\alpha(t_i) - \alpha(t_{i-1})|\right|$$

$$< \frac{\varepsilon}{2} + \frac{\varepsilon}{2} = \varepsilon.$$

Portanto,

$$\left|\int_a^b |\alpha'(t)|\,dt - \ell(\alpha,P)\right| < \varepsilon.$$

Com essa afirmação como motivação, vemos que, quanto melhor a aproximação da poligonal formada pelos pontos da partição com relação à curva, mais próximo o valor $\ell(a,P)$ está do comprimento da curva. Temos, portanto, a Definição 1.7.

Definição 1.7

Dada uma curva regular $\alpha: I \to \mathbb{R}^n$, o comprimento de arco da curva entre os pontos t_0 e t_1 é dado por

$$\ell(\alpha, [t_0, t_1]) = \int_a^b |\alpha'(t)|\,dt.$$

De forma geral, o comprimento de α é calculado por $\ell(I)$ isto é, o comprimento do arco calculado sobre todo o domínio de α:

$$\ell(a,I) = \int_I \left|\alpha'(t)\right| dt.$$

Na próxima proposição, vamos mostrar que o comprimento independe da parametrização escolhida.

Proposição 1.2

Seja $\alpha: I \to \mathbb{R}$ uma curva e $\tilde{\alpha}: \tilde{I} \to \mathbb{R}^n$ uma reparametrização da mesma curva, então
$$\ell(\alpha, I) = \ell(\tilde{\alpha}, \tilde{I}).$$

Demonstração

Sejam α e $\tilde{\alpha}$ como no enunciado e f: $I \to \tilde{I}$ função bijetiva diferenciável com

$$\tilde{\alpha} = \alpha \circ f.$$

Suponhamos $I = [a, b]$ e $\tilde{I} = [c, d]$. Aplicando a definição de comprimento de curva e a regra da cadeia, temos

$$\ell(\tilde{\alpha}, \tilde{I}) = \int_c^d \left|\tilde{\alpha}'(t)\right| dt = \int_a^b \left|\alpha'(f(t))f'(t)\right| dt.$$

Fazendo a substituição

$$s = f(t) \Rightarrow ds = f'(t)\, dt,$$

e observando que o fato de $f(t)$ ser bijetiva e diferenciável, temos também

$$f'(t) \neq 0 \Rightarrow f'(t) > 0 \text{ ou } f'(t) < 0 \ \forall\ t \in I.$$

Supondo, sem perda de generalidade, que $f'(t) > 0$ para cada $t \in I$, temos

$$\left|\tilde{\alpha}'(t)\right| = \left|\tilde{\alpha}'(t)f'(t)\right| = \left|\tilde{\alpha}'(t)\right| f'(t).$$

Assim,

$$\int_c^d \left|\tilde{\alpha}'(t)\right| dt = \int_a^b \left|\alpha'(s)\right| ds = \ell(\alpha, I).$$

Portanto,

$$\ell(\tilde{\alpha}, \tilde{I}) = \ell(\alpha, I).$$

Vejamos, a seguir, exemplos do cálculo do comprimento de algumas curvas.

Exemplo 1.3

1. Comprimento do círculo: seja C o círculo unitário centrado na origem. Uma parametrização de C é dada pela curva

    $\alpha: [0, 2\pi] \to \mathbb{R}^2$ com $\alpha(t) = (\cos(t), \operatorname{sen}(t))$.

Então,

$$\ell(\alpha(0, 2\pi)) = \int_0^{2\pi} |\alpha'(t)| \, dt = \int_0^{2\pi} \sqrt{(-\operatorname{sen}(t))^2 + (\cos(t))^2} \, dt = \int_0^{2\pi} 1 \, dt = 2\pi.$$

2. Comprimento da espiral de Arquimedes: seja $\alpha: \mathbb{R}^+ \to \mathbb{R}^2$ a parametrização da espiral de Arquimedes dada por
    $\alpha(t) = c\,(t \cos(t), t \operatorname{sen}(t))$, $c \neq 0$.
    Então,

$$\ell(\alpha, [0,x]) = \int_0^x |\alpha'(t)| \, dt$$

$$= \int_0^x |c(\cos(t) - t\operatorname{sen}(t), \operatorname{sen}(t) + t\cos(t))| \, dt$$

$$= \int_0^x c \sqrt{(\cos(t) - t\operatorname{sen}(t))^2 + (\operatorname{sen}(t) + t\cos(t))^2} \, dt$$

$$= \int_0^x c \sqrt{1 + t^2} \, dt$$

$$= \frac{c}{2} [x\sqrt{1+x^2} + \ln(x + \sqrt{1+x^2})]$$

Note que, como intuitivamente podemos esperar, quando $x = +\infty$, então

$\ell(\alpha, \mathbb{R}^+) = \infty$.

Uma interpretação do parâmetro t é como tempo percorrido para se locomover sobre a curva, pensado como a parametrização de uma trajetória.

Definição 1.8

Seja $\alpha: I \to \mathbb{R}^2$ uma curva, dizemos que

a) α está parametrizada por comprimento de arco se
$\ell(\alpha(t_0, t_1)) = t_1 - t_0$, com $t_0, t_1 \in I$ e $t_0 \leq t_1$;

b) α é unitária se
$|\alpha'(t)| = 1$, $\forall t \in I$.

Podemos pensar em quais são as relações entre as "curvas parametrizadas por comprimento de arco" e as "curvas unitárias". Para isso, seja $\alpha: I \to \mathbb{R}^n$ uma curva unitária. Temos, então, para $t_0 \leq t_1$ em I que

$$\int_{t_0}^{t_1} |\alpha'(t)| \, dt = \int_{t_0}^{t_1} 1 \, dt = t_1 - t_0$$

Portanto, se α é unitária, então α é parametrizada por comprimento de arco.

Por outro lado, supondo α parametrizada por comprimento de arco, para todos que $t_0, t \in I$

$$\frac{d}{dt}\left(\int_{t_0}^{t} |\alpha'(s)| \, ds\right) = \frac{d}{dt}(t - t_0) = 1.$$

Pelo teorema fundamental do cálculo, segue

$$\frac{d}{dt}\left(\int_{t_0}^{t} |\alpha'(s)| \, ds\right) = |\alpha'(t)|, \forall t \in I.$$

Portanto, α parametrizada por comprimento de arco implica que α seja unitária.

Utilizando apenas a definição, provamos a equivalência indicada na Proposição 1.3, a seguir.

Proposição 1.3

Seja uma curva $\alpha: I \to \mathbb{R}^n$. São equivalentes:

a) α é unitária;

b) α é parametrizada por comprimento de arco.

Outra questão interessante versa sobre a existência de parametrizações unitárias para curvas. A próxima proposição mostra que isso sempre pode ser feito para curvas regulares.

Proposição 1.4

Se $\alpha: I \to \mathbb{R}^2$ é uma curva regular, então existe uma reparametrização $\tilde{\alpha}$ de α que é unitária.

Demonstração

Primeiramente, como α é regular, temos

$$\alpha'(t) \neq 0, \forall t \in I.$$

Segue que, para t_0, t em I:

$$\frac{d}{dt}\left(\int_{t_0}^{t} |\alpha'(s)| ds\right) = |\alpha'(t)| > 0,$$

isto é, a aplicação do comprimento de arco

$$S(t) = \int_{t_0}^{t} |\alpha'(s)| ds$$

é crescente. Dessa forma, restringindo sua imagem, $S(t)$ é invertível. Denotando por $S^{-1}: \alpha(I) \to I$ sua inversa e definindo $\tilde{\alpha} \doteq \alpha \circ S^{-1}: \alpha(I) \to \mathbb{R}^n$, notamos que

$$\tilde{\alpha}'(t) = (\alpha \circ S^{-1})'(t) = \alpha'(S^{-1}(t)) \cdot (S^{-1})'(t).$$

Como S^{-1} é a inversa de S, temos

$$S(S^{-1}(t)) = t \Rightarrow \left(S(S^{-1}(t))\right)' = 1$$
$$\Rightarrow S'(S^{-1}(t)) \cdot (S^{-1})'(t) = 1$$
$$\Rightarrow (S^{-1})'(t) = \frac{1}{S'(S^{-1}(t))} = \frac{1}{|\alpha'(S^{-1}(t))|}.$$

Substituindo na relação obtida ao calcular α', temos

$$\tilde{\alpha}'(t) = \alpha'(S^{-1}(t)) \cdot (S^{-1})'(t) = \frac{\alpha'(S^{-1}(t))}{|\alpha'(S^{-1}(t))|} = 1.$$

Portanto, $\tilde{\alpha}$ é uma reparametrização de α unitária; logo, uma parametrização por comprimento de arco.

Essa demonstração nos exibe uma forma de encontrar curvas regulares. No entanto, o cerne dessa estratégia consiste em calcular uma inversa. Na prática, o cálculo de uma inversa pode ser extremamente difícil. O exemplo a seguir mostra essa dificuldade.

Exemplo 1.4

Seja $\alpha: \mathbb{R} \to \mathbb{R}^2$ a parametrização da espiral logarítmica dada pela equação

$$\alpha(t) = (e^t \cos(t), e^t \operatorname{sen}(t)).$$

Note que:

$$\alpha'(t) = \left(e^t \cos(t) - e^t \operatorname{sen}(t), e^t \operatorname{sen}(t) + e\cos(t)\right)$$

Então,

$$|\alpha'(t)| = \left(\left(e^t \cos(t) - e^t \operatorname{sen}(t)\right)^2 + \left(e^t \operatorname{sen}(t) + e^t \cos(t)\right)^2\right)^{\frac{1}{2}} = (2e^{2t})^{\frac{1}{2}} = \sqrt{2}\, e^t \neq 0, \forall t \in \mathbb{R}.$$

Dessa maneira, vemos que α é uma curva regular; logo, podemos reparametrizá-la por uma curva $\tilde{\alpha}$ unitária. Para isso, seguimos a estratégia da demonstração da proposição anterior, isto é, considerar a reparametrização

$$\tilde{\alpha} = \alpha \circ S^{-1}$$

de α em que S é a função do comprimento de arco. De fato,

$$S(t) = \int_0^t |\alpha'(u)|\, du = \int_0^t \sqrt{2}\, e^u du = \sqrt{2}\, e^t - \sqrt{2}$$

e

$$S^{-1}(t) = \log\frac{t + \sqrt{2}}{\sqrt{2}}$$

Portanto, a reparametrização é dada por

$$\tilde{\alpha}(t) = \left(\frac{t + \sqrt{2}}{\sqrt{2}} \cos \log\frac{t + \sqrt{2}}{\sqrt{2}}, \frac{t + \sqrt{2}}{\sqrt{2}} \operatorname{sen} \log\frac{t + \sqrt{2}}{\sqrt{2}}\right).$$

1.3 Curvatura

Nesta seção, vamos explorar um dos conceitos fundamentais no estudo de geometria diferencial. O objetivo é desenvolver uma ferramenta que nos auxilie a mensurar quanto o traço de uma curva se dobra pensando de forma bem intuitiva. A notação $\langle u, v \rangle$ indica o produto interno euclidiano dos vetores $u = (u_1, u_2, u_3)$ e $v = (v_1, v_2, v_3)$ dado por

$$\langle u, v \rangle = \langle (u_1, u_2, u_3), (v_1, v_2, v_3) \rangle \doteq u_1 v_1 + u_2 v_2 + u_3 v_3.$$

Seja qual for nossa definição de curvatura, ela deve medir quanto o traço da curva desvia de uma linha reta em determinado ponto. Com isso em mente, a curvatura de uma reta deveria ser zero em todos os pontos. Outro aspecto importante é que nossa definição deve ser invariante por reparametrizações.

Suponhamos $\alpha: I \to \mathbb{R}^n$ uma curva regular. Utilizando a nomenclatura das funções, podemos nos referir às derivadas primeira e segunda de α como

- $\alpha'(t) = v(t)$ – velocidade;
- $\alpha''(t) = a(t)$ – aceleração.

Quanto à escolha do termo *velocidade* para a primeira derivada, não há dúvidas. De fato, α' nos informa a direção e a velocidade do movimento. Agora, sobre a aceleração, precisamos de alguma motivação e interpretação.

A primeira lei de Newton, em sua versão vetorial, é dada pela relação

$F(t) = m \cdot a(t),$

em que m é a massa. No caso $m = 1$, temos

$F(t) = a(t),$

isto é, podemos interpretar $a(t)$ como o vetor força, que puxa o objeto e aponta a direção para a qual a trajetória se curva.

Figura 1.18 – Vetores aceleração e velocidade

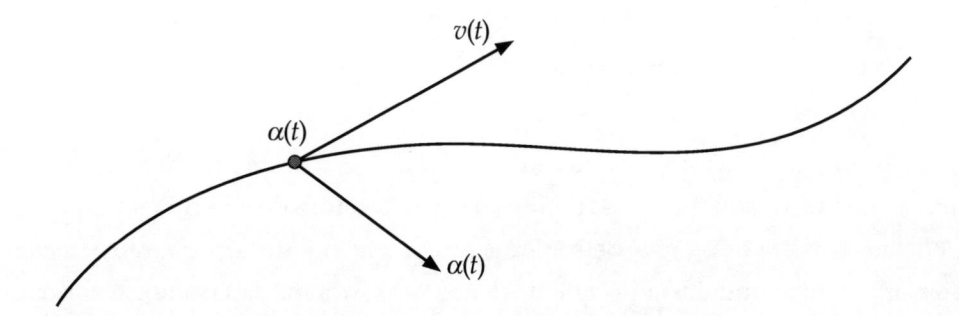

Assim, se buscamos termos matemáticos para curvatura, devemos utilizar a aceleração da curva, ou seja, sua segunda derivada.

Vamos deduzir uma equação para a função curvatura. O vetor $a(t)$ pode ser decomposto de maneira única como soma $a(t) = a^p(t) + a^\perp(t)$, em que $a^p(t)$ é paralelo a $v(t)$ e $a^\perp(t)$ é perpendicular a $v(t)$.

Figura 1.19 – Decomposição do vetor $a(t)$

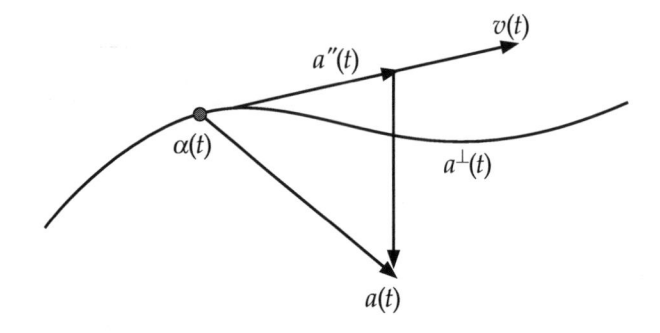

Note que:

$$\frac{d}{dt}|v(t)| = \frac{d}{dt}\langle v(t), v(t)\rangle^{\frac{1}{2}}$$

$$= \frac{1}{2\langle v(t), v(t)\rangle^{\frac{1}{2}}} \cdot (\langle v'(t), v(t)\rangle + \langle v(t), v'(t)\rangle)$$

$$= \frac{2\langle v'(t), v(t)\rangle}{2\langle v(t), v(t)\rangle^{\frac{1}{2}}}$$

$$= \frac{\langle a(t), v(t)\rangle}{|v(t)|},$$

isto é,

$$a^p(t) = \frac{\langle a(t), v(t)\rangle}{|v(t)|} \cdot v(t) = \left(\frac{d}{dt}|v'(t)|\right) \cdot v(t)$$

Desse modo, $a^\perp(t)$ geometricamente é a componente de $a(t)$, que altera a direção ou faz a trajetória se curvar. Podemos intuir que nossa definição para curvatura deverá conter essa componente.

Não podemos perder nossa meta: definir uma função que nos forneça quanto o traço se dobra. Até o momento, temos uma ideia do que devemos usar. Agora, precisamos levar em conta a invariância por parametrização. É importante ressaltar que o valor $|\alpha^\perp(t)|$ não pode ser usado sozinho para medir a curvatura, pois o vetor $\alpha^\perp(t)$ cresce conforme a velocidade aumenta.

Façamos $\tilde{\alpha} = \alpha \circ f$ uma reparametrização de α. Computando suas derivadas de primeira e segunda ordem, temos

$$\tilde{v}(t) \doteq \tilde{\alpha}'(t) = (\alpha \circ f)'(t) = \alpha'(f(t))f'(t) = v(f(t))f'(t),$$

além disso, temos também

$$\tilde{a}(t) \doteq \tilde{\alpha}''(t) = \langle v(f(t)), f'(t) \rangle = v'(f(t)) \cdot f'(t) \cdot f'(t) + v(f(t)) \cdot f''(t).$$

Logo, segue que $\tilde{\alpha}''(t) = a(f(t))(f')^2(t) + v(f(t)) \cdot f''(t)$ e, então,

$$(\tilde{\alpha}'')^\perp(t) = (f')^2(t) \cdot a^\perp(f(t)).$$

A independência da parametrização é representada pela ausência do termo f' em nossa relação. Para esse fim, basta efetuarmos

$$\frac{\left| (f'(t))^2 a^\perp(f(t)) \right|}{\left| (f'(t)) v(f(t)) \right|^2} = \frac{\left| a^\perp(f(t)) \right|}{\left| v(f(t)) \right|^2} = \frac{\left| \tilde{a}^\perp(t) \right|}{\left| \tilde{v}(t) \right|^2}.$$

Portanto, temos a seguinte definição.

Definição 1.9

Seja $\alpha: I \to \mathbb{R}^n$ uma curva regular, a função curvatura é definida por

$$\kappa_\alpha: I \to [0, \infty) \text{ com } \kappa_\alpha(t) = \frac{\left| a^\perp(t) \right|}{\left| v(t) \right|^2}$$

Essa relação é a mais geral possível. Nossa única exigência foi que a curva deveria ser regular. A seguir, vamos deduzir fórmulas que nos auxiliarão a calcular curvaturas.

Exemplo 1.5

1. Seja a parametrização da circunferência de raio r em $\mathbb{R}^2$ dada por
   $\alpha(t) = (r \cos(t), r \sen(t))$.
   Vamos calcular a curvatura de α. Calculando sua primeira e sua segunda derivada, encontramos
   $\alpha'(t) = (-r \sen(t), r \cos(t)) = v(t)$

e
$$\alpha''(t) = (-r\cos(t), -r\mathrm{sen}(t)) = a(t).$$
Para encontrar a componente de $a^\perp$, podemos fazer

$$a^\perp(t) = a(t) - a^p(t) = a(t) - \frac{\langle v(t), a(t) \rangle}{|v(t)|} v(t)$$

Como

$$\langle v(t), a(t) \rangle = \langle (-r\mathrm{sen}(t), r\cos(t)), (-r\cos(t), -r\mathrm{sen}(t)) \rangle = 0,$$

temos

$$a^\perp(t) = a(t)$$

Assim, a curvatura de α em $t \in I$ é dada por

$$k_\alpha(t) = \frac{|\alpha^\perp(t)|}{|v(t)|^2} = \frac{\sqrt{(-r\cos(t))^2 + (-r\mathrm{sen}(t))^2}}{(-r\mathrm{sen}(t))^2 + (r\cos(t))^2} = \frac{r}{r^2} = \frac{1}{r}$$

Empiricamente, podemos ver que esse resultado está correto, uma vez que, quanto maior for o raio de uma circunferência, localmente mais próximo de uma reta ele estará. Note que podemos pensar na reta como se fosse um círculo de raio infinito.

2. Seja $\alpha: \mathbb{R} \to \mathbb{R}^2$ a parametrização de uma reta dada por

$$\alpha(t) = x + vt = (x_1 + v_1 t, x_2 + v_2 t).$$

Então, $\alpha''(t)$ e, logo,
$$\kappa_\alpha(t) = 0, \forall t \in \mathbb{R}.$$

Vimos que nossa definição cumpre com o esperado, isto é, uma parametrização de uma reta não tem curvatura, uma vez que é uma linha.

Observação 1.5

Essa fórmula da função curvatura pode ser simplificada com certo preço a se pagar. Vimos que toda curva regular pode ser representada por uma curva unitária. Por exemplo, suponha $p: I \to \mathbb{R}^n$ uma curva regular e $\alpha: I \to \mathbb{R}^n$ sua representação unitária. Como a curvatura independe da parametrização, temos

$$k_\alpha(t) = \frac{|a^\perp(t)|}{|v(t)|^2}.$$

Mas, como a curva é unitária, temos que $|v(t)| = |\alpha'(t)| = 1$ e, além disso,

$$a^\perp(t) = a(t) - \frac{|\langle v(t), a(t)\rangle|}{|v(t)|} v(t) = a(t).$$

Portanto, nosso método de calcular curvatura é escrito desta forma:

$$k_\alpha(t) = |a(t)| = |\alpha''(t)|$$

Observe que, embora mais prática, tal reformulação esconde o cálculo de uma reparametrização de α.

Provamos nesta Observação 1.5 o resultado a seguir.

Proposição 1.5

Se α é uma curva unitária ou parametrizada por comprimento de arco, então

$$\kappa_\alpha(t) = |\alpha''(t)|$$

Antes de apresentarmos mais exemplos e deduzirmos fórmulas específicas para o cálculo de curvatura para curvas no plano e no espaço, vamos estudar outra reformulação para a função curvatura. Veja a Definição 1.10.

Definição 1.10

Seja $\alpha: I \to \mathbb{R}^n$ uma curva regular, definimos os vetores

- tangente unitária: $T(s) = \frac{v(s)}{|v(s)|}$;
- normal unitária: $N(s) = \frac{a^\perp(s)}{|a^\perp(s)|}$ caso $\kappa_\alpha(t) \neq 0$.

Essa nova definição nos permitirá calcular de uma forma diferente a curvatura.

Proposição 1.6

Dada uma curva regular $\alpha: I \to \mathbb{R}^n$, temos

$$\kappa_\alpha(t) = \frac{|T'(t)|}{|v(t)|}$$

Demonstração

Primeiramente, note que

$$a(t) = v'(t) = \bigl(|v(t)| \cdot T(t)\bigr)' = |v(t)|' T(t) + |v(t)| T'(t).$$

Além disso, temos que e, portanto,

$$\kappa_\alpha(t) = \frac{|a^\perp(t)|}{|v(t)|^2} = \frac{|v(t)|\,|T'(t)|}{|v(t)|^2} = \frac{|T(t)|}{|v(t)|}.$$

1.3.1 Curvas no plano

Já sabemos que uma curva é uma função $\alpha: I \to \mathbb{R}^n$ com determinadas propriedades. Um dos casos interessantes ocorre quando n = 2, ou seja, o traço da curva é um subconjunto do plano. Esse caso é peculiar, pois existem duas operações no plano que determinam rotações nos sentidos horário e anti-horário, o que nos possibilitará determinar o sinal na curvatura.

Seja $\mathbb{R}: \mathbb{R}^2 \to \mathbb{R}^2$ a bijeção definida pela expressão

$$\mathbb{R}(x, y) = (-y, x).$$

Isto é, R é a aplicação linear em $\mathbb{R}^2$ que determina uma rotação por 90 graus no sentido horário. Supondo que $\alpha: I \to \mathbb{R}$ seja uma curva unitária, temos a igualdade

$$|\alpha'(t)| = 1 \Rightarrow 1 = \langle \alpha'(t), \alpha'(t) \rangle,$$

daí segue

$$0 = \frac{d}{dt}\langle \alpha'(t), \alpha'(t)\rangle = \langle \alpha''(t),\ \alpha'(t)\rangle + \langle \alpha'(t), \alpha''(t)\rangle = 2\langle \alpha''(t), \alpha'(t)\rangle.$$

Portanto, temos

$$0 = \langle \alpha''(t), \alpha'(t)\rangle = \langle a(t), v(t)\rangle.$$

Então, a aceleração $a(t)$ e a velocidade $v(t)$ são vetores ortogonais para cada $t \in I$. Além disso, claramente vemos que $R\bigl(v(t)\bigr)$ e $v(t)$ são vetores ortogonais. Assim, temos que $a(t)$ e $R\bigl(v(t)\bigr)$ são vetores paralelos. Isso significa que podemos escrever $a(t)$ como múltiplo de $R\bigl(v(t)\bigr)$.

Vamos reescrever essa conclusão utilizando a notação de vetor tangente e normal para esse fim. Perceba que, com $|v(t)| = 1$, temos

$$T(t) = v(t) \text{ e } N(t) = \frac{a^\perp(t)}{|a^\perp(t)|} = \frac{a(t)}{|a(t)|}.$$

Dessa forma, estamos aptos a acrescentar o sinal na definição de curvatura.

Definição 1.11

Seja $\alpha: I \to \mathbb{R}^2$ uma curva unitária, a função curvatura com sinal é definida por $\kappa_s: I \to \mathbb{R}$ tal que, para cada $t \in I$, temos que

$$a(t) = \kappa_s(t) \cdot R(v(t)) \text{ ou } T'(t) = \kappa_s(t) \cdot N(t).$$

Anteriormente, havíamos definido o que era a curvatura para uma curva $\alpha: I \to \mathbb{R}^2$, que nada mais era do que um número real não negativo associado a cada instante $t \in I$ da trajetória da curva, contendo a informação de quanto tal curva deixava de ser uma reta. Com a adição de uma definição de curvatura com sinal, é inevitável questionar a relação entre as duas curvaturas. A proposição a seguir mostra que, ao menos em módulo, as duas curvaturas coincidem.

Proposição 1.7

Se $\alpha: I \to \mathbb{R}^2$ é uma curva unitária, então

$$\left| \kappa_s(t) \right| = \kappa(t), \forall t \in I.$$

Demonstração

Como α é unitária, então

$$\kappa(t) = |a(t)|, \forall t \in I.$$

Utilizando a relação anterior, segue

$$\kappa(t) = |a(t)| = \left| \kappa_s(t) \cdot R(v(t)) \right| = \left| \kappa_s(t) \right| \cdot \left| R(v(t)) \right|.$$

E, como $\left| R(v(t)) \right| = 1$, segue

$$\kappa(t) = |\kappa_s(t)|, \forall t \in I.$$

■

Observação 1.6

1. A proposição anterior nos mostra que a curvatura com sinal difere de uma curvatura apenas na positividade, mas não em módulo. Geometricamente, isso pode ser interpretado da seguinte forma:
   - $\kappa_s > 0$ – a curva está se dobrando para a esquerda em relação ao vetor tangente à curva;
   - $\kappa_s < 0$ – a curva está se dobrando para a direita em relação ao vetor tangente à curva.

Figura 1.20 – Interpretação geométrica do sinal da curvatura

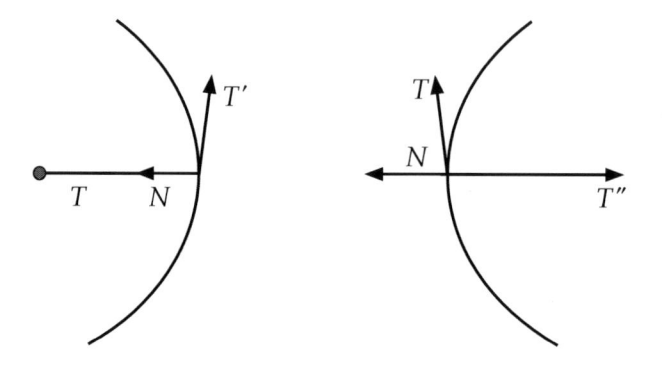

2. No caso de a curva ser unitária, temos
$$a(t) = \kappa_s(t) \cdot R(v(t)).$$

Logo, segue
$$\langle a(t), R(v(t)) \rangle = \langle \kappa_s(t) \cdot R(v(t)), R(v(t)) \rangle = \kappa_s(t) \left| R(v(t)) \right|^2 = \kappa_s(t).$$

Em outros termos,
$$\kappa_s(t) = a(t), R(v(t)) = \langle (x''(t), y''(t)), (-y'(t), x'(t)) \rangle = x'(t)\, y''(t) - x''(t)\, y'(t).$$

Assim como na definição de κ, queremos uma definição que seja a mais geral possível. Para isso, não vamos exigir que a curva seja unitária.

Suponha $\alpha: I \to \mathbb{R}^2$ uma curva regular e $\tilde{\alpha}: I \to \mathbb{R}^2$ uma reparametrização por comprimento de arco dada por
$$\tilde{\alpha} = \alpha \circ S^{-1} \Rightarrow \tilde{\alpha} \circ S = \alpha,$$

em que S seja a função do comprimento de arco.

Derivando α, temos
$$\alpha'(t) = \tilde{\alpha}(S(t))S'(t)$$

e

$$\alpha''(t) = \tilde{\alpha}''(S(t))(S')^2(t) + \tilde{\alpha}'(S(t))\, S''(t)$$

Lembrando que
$$S'(t) = |\alpha'(t)|$$

e utilizando
$$|\alpha'(t)|' = \frac{\langle \alpha'(t), \alpha''(t)\rangle}{|\alpha'(t)|},$$

obtemos
$$\tilde{\alpha}''(S(t)) = \frac{\alpha''(t)}{|\alpha'(t)|^2} = \frac{\langle \alpha'(t), \alpha''(t)\rangle}{|\alpha'(t)|^4}\alpha'(t).$$

Como a curvatura com sinal independe de parametrização, podemos escrever
$$\kappa_s(t) = \kappa_s(S(t)) = \langle \tilde{\alpha}''(S(t)), N(S(t))\rangle.$$

Para praticar, você pode verificar, utilizando a expressão anterior, que
$$\kappa_s(t) = \frac{(x'y''(t) - y'(t)x''(t))}{|\alpha'(t)|^3} = \frac{\langle a(t), R(v(t))\rangle}{|v(t)|^3}.$$

Essa expressão valida a Definição 1.12, a seguir.

Definição 1.12

Seja $\alpha: I \to \mathbb{R}^2$ uma curva regular. A função curvatura com sinal é dada pela relação

$$\kappa_s(t) = \frac{\langle a(t), R(v(t))\rangle}{|v(t)|^3} = \frac{x'y'' - x''y'}{((x')^2 + (y')^2)^{\frac{3}{2}}}.$$

Naturalmente, essa definição generaliza a versão anterior da curvatura com sinal, válida apenas para curvas unitárias. Antes de apresentar exemplos, que serão aplicações diretas dessa fórmula, vamos deduzir outras duas maneiras de calcularmos a curvatura com sinal.

Observação 1.7

A curvatura com sinal depende da parametrização. Para confirmar isso, basta considerar o arco da circunferência unitária que está no primeiro quadrante do plano xy. Se parametrizada para o sentido anti-horário, a curvatura com sinal será positiva; se parametrizada no sentido horário, a curvatura com sinal será negativa.

Uma das parametrizações mais naturais de uma curva em $\mathbb{R}^2$ é usar gráficos de funções. A proposição a seguir mostra a curvatura para esse caso específico.

Proposição 1.8

Suponha $f: \mathbb{R} \to \mathbb{R}$ diferenciável. Então, a curvatura com sinal do gráfico de f (com a orientação natural induzida pelo eixo das abscissas) em $(x, f(x))$ é

$$\kappa_s = \frac{f''(x)}{\left(1 + f'(x)^2\right)^{\frac{3}{2}}}.$$

Em particular, se $(x, f(x))$ é ponto crítico, então
$\kappa_s = f''(x)$.

Demonstração

Primeiramente, uma parametrização do gráfico é dada por

$\alpha(t) = (t, f(t))$.

Aplicando a fórmula que deduzimos, temos

$$\kappa_s(t) = \frac{t'f''(t) - t''f'(t)}{\left((t')^2 + (f'(t))^2\right)^{\frac{3}{2}}} = \frac{f''(t)}{\left(1 + f'^2(t)\right)^{\frac{3}{2}}}.$$

Agora, supondo $(t, f(t))$ que seja o ponto crítico de f, ou seja, $f'(t) = 0$, concluímos facilmente que

$\kappa_s(t) = f''(t)$.

Essa proposição é bastante útil para calcular a curvatura de várias curvas, uma vez que depende apenas de uma função bem escolhida para parametrizar tal curva. O mesmo raciocínio pode ser utilizado quando escrevemos determinada curva $\beta: J \to \mathbb{R}^2$ parametrizando-a por $\beta(t) = (g(y), y)$, em que $g: J \to \mathbb{R}$ seja uma função suficientemente derivável. Outro caso importante de parametrização de curvas é a parametrização por coordenadas polares. Relembramos o leitor que, se (x, y) é um ponto de $\mathbb{R}^2 \setminus \{(0, 0)\}$, então, tal ponto está unicamente determinado por sua distância até a origem O = (0, 0) e o ângulo, a contar do semieixo positivo das abscissas no sentido anti-horário, que esse ponto faz com o eixo das abscissas.

Figura 1.21 – Coordenadas polares

$$\begin{cases} \theta = \text{arctg}\left(\frac{y}{x}\right) \\ r = \sqrt{x^2 + y^2} \end{cases} \quad \begin{cases} x = r\cos(\theta) \\ y = r\,\text{sen}(\theta) \end{cases}$$

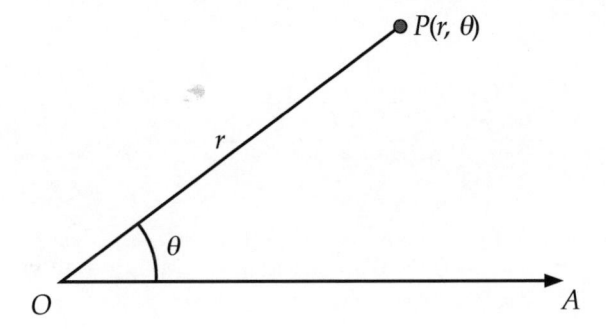

Proposição 1.9

Seja $r = f(\theta)$ uma curva parametrizada por coordenadas polares, sua curvatura com sinal é dada por:

$$\kappa_s = \frac{\left(2(r')^2 - r\,r'' + r^2\right)}{\left((r')^2 + r^2\right)^{\frac{3}{2}}}.$$

Demonstração

Podemos escrever

$r(\theta) = (r\cos(\theta), r\,\text{sen}(\theta)).$

Antes de aplicarmos a fórmula da curvatura, vamos calcular as derivadas separadamente:

- $x' = (r\cos(\theta))' = r'\cos(\theta) - r\,\text{sen}(\theta)$
- $x'' = (r\cos(\theta))'' = r''\cos(\theta) - r'\text{sen}(\theta) - r'\text{sen}(\theta) - r\cos(\theta)$
- $y' = (r\,\text{sen}(\theta))' = r'\text{sen}(\theta) + r\cos(\theta)$
- $y'' = (r\,\text{sen}(\theta))'' = r''\text{sen}(\theta) + r'\cos(\theta) + r'\cos(\theta) - r\,\text{sen}(\theta)$

Logo, temos

$$x'y'' - x''y' = 2(r')^2 - r\,r'' + r^2.$$

Além disso,

$$x'^2 + y'^2 = (r')^2 + r^2.$$

Portanto, fazendo a substituição, obtemos

$$\kappa_s(\theta) = \frac{2(r')^2 - r\,r'' + r^2}{\left((r')^2 + r^2\right)^{\frac{3}{2}}}.$$

Exemplo 1.6

Dada a curva $\alpha\colon \mathbb{R} \to \mathbb{R}^2$ com $\alpha(t) = (t, t^2)$ utilizando a fórmula que deduzimos, concluímos que a curvatura da parábola é dada por:

$$\kappa_s(t) = \frac{1 \cdot 2 - 0}{\left(1 + (2t)^2\right)^{\frac{3}{2}}} = \frac{2}{\left(1 + 4t^2\right)^{\frac{3}{2}}}.$$

Isso significa que, quanto maior for o módulo de t (o que é equivalente a pensar que o ponto $\alpha(t)$ está longe do foco da parábola), menor será a curvatura com sinal, ou seja, cada vez mais o traço da parábola se aproximará do traço de uma reta. Em resumo, a reta tangente é uma boa aproximação da parábola quando $|t|$ é grande. Além disso, a curvatura positiva nos indica que, nessa parametrização, a parábola se curva para a esquerda quando nos colocamos sobre o traço da curva α e pensamos para que lado devemos caminhar sobre a curva.

1.3.2 Curvas no espaço

Na subseção anterior, vimos a peculiaridade de termos um significado para rotações horárias e anti-horárias em $\mathbb{R}^2$. Em $\mathbb{R}^3$, temos uma família muito grande de direções em que podemos definir rotações, o que torna difícil estabelecer uma relação entre rotações e curvatura. Entretanto, nesta subseção, vamos usar uma peculiaridade de $\mathbb{R}^3$, que é o produto externo ou cruzado de vetores. Tal operação é muito útil, pois sabemos para que dados $u, v \in \mathbb{R}^3$ são válidas as propriedades

$$u \times v \perp u \text{ e } u \times v \perp v$$
$$|u \times v| = |u| \cdot |v| \cdot |\operatorname{sen}(\theta)|.$$

em que θ é o ângulo entre u e v.

Dessa forma, temos o resultado demonstrado na Proposição 1.10, a seguir.

Proposição 1.10

Seja $\alpha: I \to \mathbb{R}^3$ uma curva regular, então

$$\kappa_\alpha(t) = \frac{|v(t) \times a(t)|}{|v(t)|^3} = \frac{|\alpha'(t) \times \alpha''(t)|}{|\alpha'(t)|^3}$$

Demonstração

Suponhamos que $\tilde{\alpha}: I \to \mathbb{R}^3$ seja uma reparametrização por comprimento de arco de α, isto é,

$$\tilde{\alpha} = \alpha \circ S^{-1} \Rightarrow \alpha = \tilde{\alpha} \circ S.$$

Por definição, a curvatura independe de reparametrização, assim, temos

$$\kappa_\alpha(t) = \kappa_{\alpha(S(t))} = |\tilde{\alpha}''(S(t))|.$$

Por outro lado, temos

$$\alpha'(t) = \alpha'(S(t))\, S'(t) = \tilde{\alpha}'(S(t))\, |\alpha'(t)|,$$

do que segue

$$\alpha''(t) = \tilde{\alpha}''(S(t))\, S'^2(t) + \tilde{\alpha}'(S(t))\, S''(t) = \tilde{\alpha}''(S(t)) \cdot |\alpha'(t)|^2 + \tilde{\alpha}'(S(t)) \cdot S''(t).$$

Então,

$$a'(t) \times a''(t) = \left(\tilde{\alpha}'(S(t))\, |\alpha'(t)|\right) \times \left(\tilde{\alpha}''(S(t))\, |\alpha'(t)|^2 + \alpha'(S(t)) S''(t)\right)$$

$$= |\alpha'(t)|^3\, \tilde{\alpha}'(S(t)) \times \alpha''(S(t)) + |\alpha'(t)|\, \tilde{\alpha}'(S(t)) \times \tilde{\alpha}'(S(t))\, S''(t).$$

Logo, segue

$$\alpha'(t) \times \alpha''(t) = |\alpha'(t)|^3\, \tilde{\alpha}'(S(t)) \times \tilde{\alpha}''(S(t)).$$

Como $\tilde{\alpha}(S(t))$ é parametrizada por comprimento de arco,

$$\left| \tilde{\alpha}'(S(t)) \right| = 1 \text{ e } \tilde{\alpha}'(S(t)) \perp \tilde{\alpha}''(S(t))$$

e

$$\left| \alpha'(t) \times \alpha''(t) \right| = \left| \alpha'(t) \right|^3 \cdot \left| \tilde{\alpha}'(S(t)) \times \tilde{\alpha}''(S(t)) \right|$$

$$= \left| \alpha'(t) \right|^3 \cdot \left(\left| \tilde{\alpha}'(S(t)) \right|^2 \cdot \left| \tilde{\alpha}(S(t)) \right|^2 - \langle \tilde{\alpha}'(S(t)), \tilde{\alpha}''(S(t)) \rangle \right)^{\frac{1}{2}}$$

$$= \left| \tilde{\alpha}'(t) \right|^3 \cdot \left| \tilde{\alpha}''(S(t)) \right|,$$

uma vez que $\left| \tilde{\alpha}'(t) \right| = 1$ e $\langle \tilde{\alpha}', \tilde{\alpha}'' \rangle = 0$. Portanto

$$\kappa_\alpha(t) = \left| \tilde{\alpha}''(S(t)) \right| = \frac{\left| \alpha'(t) \times \alpha''(t) \right|}{\left| \alpha'(t) \right|^3}.$$

Observação 1.8

Outra forma de demonstrar o resultado anterior é notando que

$$\kappa_\alpha(t) = \frac{\left| a^\perp(t) \right|}{\left| v(t) \right|^2} = \frac{\left| a \right| \operatorname{sen}(\theta)}{\left| v \right|^2} = \frac{\left| a \right| \left| v \right| \operatorname{sen}(\theta)}{\left| v \right|^3} = \frac{\left| v \times a \right|}{\left| v \right|^3}.$$

No caso de curvas em $\mathbb{R}^2$, definimos os vetores T e N tais que são unitários e formam uma base ortonormal para $\mathbb{R}^3$. Com o auxílio do produto cruzado, podemos estender essa base a uma base ortonormal de $\mathbb{R}^3$ com a adição do vetor $T \times N$, construindo, então, o triedro de Frenet, conforme a definição que segue.

Definição 1.13

Seja $\alpha: I \to \mathbb{R}^3$ uma curva regular, os vetores

- $T(t) = \frac{\alpha'(t)}{\left| \alpha'(t) \right|}$, chamado de *tangente unitária*;
- $N(t) = \frac{T'(t)}{\left| T'(t) \right|}$, chamado de *normal unitária*;
- $B(t) = T(t) \times N(t)$, chamado de *binormal unitária*;

formam um referencial ortonormal de $\mathbb{R}^3$ chamado de *triedro de Frenet*.

É fácil ver que, como $B = T \times N$, temos $N \times B = T$ e $B \times T = N$.

Finalizaremos a seção de curvatura com o estudo da torção. Como o nome sugere, essa quantidade mede quanto uma curva regular deixa de ser plana em determinado ponto. Isto é, caso a torção seja zero, a curva não altera o plano em que se encontra.

Primeiramente, note que, dada $\alpha: I \to \mathbb{R}^3$ uma curva parametrizada por comprimento de arco

$$B'(t) = \bigl(T(t) \times N(t)\bigr)' = T'(t) \times N(t) + T(t) \times N'(t).$$

Agora usando a fórmula da curvatura com sinal

$$a(t) = \kappa_s(t) N(t),$$

que podemos assim reescrever

$$T'(t) = \kappa_s(t) N(t),$$

segue

$$B'(t) = \kappa_s(t) N(t) \times N(t) + T(t) \times N'(t) = T(t) \times N'(t).$$

Portanto, obtemos

$$\langle T(t), B(t) \rangle = \langle T(t), T(t) \times N'(t) \rangle = 0.$$

Além disso, temos

$$\langle B(t), B(t) \rangle = |B(t)|^2 = 1 \Rightarrow \bigl(\langle B(t), B(t) \rangle\bigr)' = 0 \Rightarrow \langle B'(t), B(t) \rangle = 0.$$

Em resumo, $T \perp B'$ e $B \perp B'$, de forma que B' é paralelo a N. Assim, definimos *torção* como a função de proporção entre esses vetores.

Definição 1.14

Dada uma curva $\alpha: I \to \mathbb{R}^3$ parametrizada por comprimento de arco, a torção de α é definida como o número real $\tau(t)$ para o qual temos

$$B'(t) = \tau(t) N(t).$$

Dessa forma, é imediata a Observação 1.9 acerca da torção em determinado ponto.

Observação 1.9
Da definição anterior, inferimos que

$$\tau(t) = \langle B'(t), N(t)\rangle \text{ e } |\tau(t)|^2 = |B'(t)|.$$

A próxima proposição mostrará que qualquer outra parametrização unitária de uma curva mantém a mesma torção.

Proposição 1.11
A torção de uma curva unitária independe de parametrizações.

Demonstração

Seja $\alpha: I \to \mathbb{R}^3$ uma curva regular, vamos considerar a reparametrização por comprimento de arco da seguinte forma

$$\tilde{\alpha}(t) = \alpha(\pm t + c), c \in \mathbb{R}.$$

Note que

$$T_{\tilde{\alpha}}(t) = \tilde{\alpha}'(t) = \pm \alpha'(\pm t + c) = \pm T_\alpha(\pm t + c) \Rightarrow T'_{\tilde{\alpha}}(t) = T'_\alpha(\pm t + c).$$

Assim,

$$N_{\tilde{\alpha}}(t) = \frac{T'_{\tilde{\alpha}}(t)}{|T'_{\tilde{\alpha}}(t)|} = \frac{T'_\alpha(\pm t + c)}{|T_\alpha(\pm t + c)|} = N_\alpha(\pm t + c)$$

e

$$B_{\tilde{\alpha}}(t) = T_{\tilde{\alpha}}(t) \times N_{\tilde{\alpha}}(t) = \pm T_\alpha(\pm t + c) \times N_\alpha(\pm t + c) = \pm B_\alpha(\pm t + c),$$

de que analogamente concluímos $B'_{\tilde{\alpha}}(t) = B'_\alpha(\pm t + c)$.
Portanto,

$$\tau_{\tilde{\alpha}}(t) = \langle T'_{\tilde{\alpha}}(t), N_{\tilde{\alpha}}(t)\rangle = \langle T'_\alpha(\pm t + c), N_\alpha(\pm t + c)\rangle = \tau_\alpha(\pm t + c)$$

isto é, independentemente da parametrização.

A seguir, veremos como utilizar os vetores N e B para calcular a torção de uma curva em determinado ponto.

Proposição 1.12

Seja $\alpha: I \to \mathbb{R}^3$ uma curva regular, então

$$\tau(t) = \frac{\langle \alpha''(t), \alpha'(t) \times \alpha'''(t) \rangle}{|\alpha'(t) \times \alpha''(t)|^2} = \frac{N(t), B(t)}{|v|}.$$

Demonstração

Seja S a função do comprimento de arco e, $\alpha(t) = \tilde{\alpha}(S(t))$, a reparametrização de comprimento de arco, definimos:

$$\tau(t) \doteq \tau(S(t)) = \langle B'(S(t)), N(S(t)) \rangle.$$

Note que

$$T'(S(t)) = |T'(S(t))| \cdot \frac{T'(S(t))}{|T'(S(t))|} = \kappa(S(t)) \cdot N(S(t)).$$

E segue

$$N(S(t)) = \frac{T'(S(t))}{\kappa(S(t))} = \frac{\tilde{\alpha}''(S(t))}{\kappa(S(t))}$$

Também temos

$$B(S(t)) = T(S(t)) \times N(S(t)) = \tilde{\alpha}'(S(t)) \times N(S(t)).$$

Agora, derivando, temos

$$\alpha'(t) = \tilde{\alpha}'(S(t)) S'(t) = \tilde{\alpha}'(S(t)) \, |\alpha'(t)|$$

e

$$\alpha''(t) = \tilde{\alpha}''(S(t)) \, |\alpha'(t)|^2 + \tilde{\alpha}'(S(t)) \, S''(t).$$

Logo,

$$\tilde{\alpha}'(S(t)) = \frac{\alpha'(t)}{|\alpha'(t)|}$$

e

$$\tilde{\alpha}''(S(t)) = \frac{\alpha''(t) - \tilde{\alpha}'(S(t))\, S''(t)}{|\alpha'(t)|^2} = \frac{\alpha''(t)}{|\alpha'(t)|^2} - \frac{\alpha'(t)\, S''(t)}{|\alpha'(t)|^3}.$$

Como

$$S'(t) = |\alpha'(t)| \Rightarrow S''(t) = \frac{\langle \alpha'(t), \alpha''(t) \rangle}{|\alpha'(t)|}$$

daí,

$$\tilde{\alpha}''(S(t)) = \frac{\alpha''(t)\,|\alpha'(t)|^2}{|\alpha'(t)|^4} - \frac{\alpha'(t)\,\alpha'(t), \alpha''(t)}{|\alpha'(t)|^4}.$$

Agora, substituindo nas fórmulas de N e B:

$$\kappa(t) = \frac{|\alpha'(t) \times \alpha''(t)|}{|\alpha'(t)|^3}$$

Com isso, obtemos

$$N(S(t)) = \frac{|\alpha'(t)|^3}{|\alpha'(t) \times \alpha''(t)|} \cdot \frac{\alpha''(t)\,|\alpha'(t)|^2 - \langle \alpha'(t)\,\alpha'(t),\, \alpha''(t) \rangle}{|\alpha'(t)|^4}$$

$$= \frac{\alpha''(t)\,|\alpha'(t)|^2 - \alpha'(t)\,\langle \alpha'(t), \alpha''(t) \rangle}{|\alpha'(t) \times \alpha''(t)|\,|\alpha'(t)|}$$

e

$$B(S(t)) = \frac{\alpha'(t)}{|\alpha'(t)|} \times \frac{\alpha''(t)\,|\alpha'(t)|^2 - \alpha'(t)\,\langle\alpha'(t),\alpha''(t)\rangle}{|\alpha'(t)|\,|\alpha'(t) \times \alpha''(t)|}$$

$$= \frac{\alpha'(t) \times \alpha''(t)}{|\alpha'(t) \times \alpha''(t)|}.$$

Por fim, precisamos calcular B'. De fato, temos

$$\bigl(B(S(t))\bigr)' = B'(S(t))\,S'(t) = B'(S(t))\,|\alpha'(t)|$$

Por outro lado,

$$\left(\frac{\alpha' \times \alpha''}{|\alpha' \times \alpha''|}\right)' = \frac{(\alpha' \times \alpha'')'\,|\alpha' \times \alpha''| - (\alpha' \times \alpha'')\,|\alpha' \times \alpha''|'}{|\alpha' \times \alpha''|^2}$$

$$= \frac{(\alpha' \times \alpha'' + \alpha' \times \alpha''')\,|\alpha' \times \alpha''| - (\alpha' \cdot \alpha'')\left(-\dfrac{\langle \alpha' \times \alpha''',\alpha' \times \alpha''\rangle}{|\alpha' \times \alpha''|}\right)}{|\alpha' \cdot \alpha''|^2}$$

$$= \frac{\alpha' \times \alpha'''}{|\alpha' \times \alpha''|} - \frac{\langle \alpha' \times \alpha''',\,\alpha' \times \alpha''\rangle\,(\alpha' \times \alpha'')}{|\alpha' \times \alpha''|^3}.$$

Finalmente,

$$\tau(t) \doteq \tau(S(t)) = \langle B'(S(t)), N(S(t))\rangle$$

$$= \left\langle \frac{1}{|\alpha'|}\left(\frac{\alpha' \times \alpha'''}{|\alpha' \times \alpha''|} - \frac{\alpha' \times \alpha''',\,\alpha \times \alpha'''(\alpha' \times \alpha'')}{|\alpha' \times \alpha''|^3}\right),\; \frac{\alpha''|\alpha'| - \alpha'\langle\alpha',\alpha''\rangle}{|\alpha' \times \alpha''|\,|\alpha'|}\right\rangle$$

$$= \left\langle \frac{1}{|\alpha'|} \cdot \frac{\alpha' \times \alpha'''}{|\alpha' \times \alpha''|},\; \frac{\alpha''|\alpha'|^2}{|\alpha' \times \alpha''|\,|\alpha'|}\right\rangle = \frac{\langle \alpha' \times \alpha''',\,\alpha''\rangle}{|\alpha' \times \alpha''|^2}.$$

Em coordenadas $\alpha(t) = (x(t), y(t), z(t))$, a fórmula anterior se reescreve como

$$\tau = \frac{x'''(y'z'' - y''z') + y'''(x''z' - x'z'') + z'''(x'y'' - x''y')}{(y'z'' - y''z')^2 + (x''z' - x'z'')^2 + (x'y'' - x''y')^2}$$
$$= \frac{\det(\alpha', \alpha'', \alpha''')}{|\alpha' \times \alpha''|^2}.$$

Além disso, como B' é ortogonal a B e a T, temos que B' é paralelo a N e $B' = \tau \cdot N$ implica $\tau = \langle B', N \rangle$.

Na proposição a seguir, mostramos que é possível classificar as curvas cuja curvatura não se anula em curvas que estão contidas em um plano e curvas que não estão contidas em nenhum plano por meio da torção dessa curva.

Proposição 1.13

Uma curva $\alpha \colon I \to \mathbb{R}^3$ regular de curvatura não nula está contida em um plano se, e somente se, sua torção for nula.

Demonstração

Vimos que a torção independe da parametrização; por isso, podemos supor que está parametrizada por comprimento de arco. Desse modo, temos

$\tau(t) = \langle B'(t), N(t) \rangle$.

Se $\tau(t) = 0$ para cada $t \in I$, vemos que $B'(t) = 0$ para cada $t \in I$ pois

$|\tau(t)| = |B'(t)|$.

Isso implica

$B(t) = v, \forall t \in I,$

em que $v \in \mathbb{R}^3$.
Vamos definir a função

$f(t) = \langle \alpha(t) - \alpha(t_0), v \rangle$

em que $t_0 \in I$ é um valor fixado. Derivando f, temos

$f'(t) = \langle \alpha'(t), v \rangle = \langle T(t), v \rangle = 0$

isso nos diz que deve ser constante. Note ainda que

$f(t_0) = \langle \alpha(t_0) - \alpha(t_0), v \rangle = 0.$

Então, $f(t) \equiv 0$ para cada $t \in T$. Portanto, a curva está em um plano que é ortogonal a B e contém $\alpha(t_0)$.

Por outro lado, se $\alpha(t)$ está contida em um plano π em $\mathbb{R}^3$, seja n_π o vetor normal desse plano. Temos, para um elemento $t_0 \in I$ fixado, que

$$\langle \alpha(t) - \alpha(t_0), n_\pi \rangle = 0.$$

Derivando em t, obtemos

$$\langle \alpha'(t), n_\pi \rangle = 0 \text{ e } \langle \alpha''(t), n_\pi \rangle = 0.$$

Isso significa que n_π é ortogonal a $T(t)$ e a $N(t)$. Então, $B(t) = T(t) \times N(t)$ é paralelo a n_π, de forma que $B(t) = \pm \frac{n_\pi}{|n_\pi|}$. Mas $B(t)$ é contínua, então, o sinal não pode mudar; dessa forma, $B(t)$ é constante. Logo, $B' \equiv 0$. Portanto $\tau(t) = 0$.

1.4 Fórmulas de Frenet-Serret

Ao longo de toda a seção anterior, utilizamos várias relações entre T, N e B e suas derivadas repetidas vezes. Para sermos mais precisos, usaremos algumas vezes T', N', ou B' em termos uns dos outros. Podemos agrupá-los no resultado que segue.

Proposição 1.14

Seja $\alpha: I \to \mathbb{R}^3$ uma curva regular com curvatura $\kappa_s \neq 0$, as equações de Frenet-Serret são as seguintes identidades:

$$\begin{cases} T'(t) = |\alpha'(t)| \kappa(t) N(t) \\ N'(t) = -|\alpha'(t)| \kappa(t) T(t) - |\alpha'(t)| \tau(t) B(t) \\ B'(t) = \tau(t) N(t). \end{cases}$$

Demonstração

Primeira equação – temos

$$\kappa = \frac{|T'|}{|\alpha'|} \text{ e } N = \frac{T'}{|T'|}.$$

Então,

$$T' = N|T'| = N\kappa |\alpha'|.$$

Segunda equação – observe que, como N é ortogonal a T,

$$0 = \langle N, T \rangle \Rightarrow 0 = \langle N', T \rangle + \langle N, T' \rangle$$
$$\Rightarrow \langle N', T \rangle = -\langle N, T' \rangle.$$

Utilizando a mesma igualdade do tópico anterior:

$$\langle N', T \rangle = -\langle N, |v|\kappa N \rangle = -|v|\kappa |N|^2 = -v\kappa.$$

De forma análoga, N é ortogonal a B; logo,

$$0 = \langle N, B \rangle \Rightarrow 0 = \langle N', B \rangle + \langle N, B' \rangle$$
$$\Rightarrow \langle N', B \rangle = -\langle N, B' \rangle = -\langle B', N \rangle$$

Pela definição de $\tau = \frac{\langle -B', N \rangle}{|v|}$, temos

$$\langle N', B \rangle = \frac{|v|(\langle B', N \rangle)}{|v|} = |v|\tau.$$

Terceira equação – note que B' é ortogonal a B e a T; logo,

$$B' = |v|\,\tau N.$$

Exemplo 1.7

Vamos verificar as fórmulas de Frenet-Serret para a curva $\alpha: \mathbb{R} \to \mathbb{R}^3$ dada por

$$\alpha(t) = (\cos(t), \operatorname{sen}(t), t).$$

Inicialmente, vejamos que

$$T(t) = \frac{\alpha'(t)}{|\alpha'(t)|} = \frac{(-\operatorname{sen}(t), \cos(t), 1)}{\sqrt{2}}.$$

Além disso, temos

$$N(t) = \frac{T'(t)}{|T'(t)|} = \frac{\frac{1}{\sqrt{2}}(-\cos(t), -\operatorname{sen}(t), 0)}{\frac{1}{\sqrt{2}}} = (-\cos(t), -\operatorname{sen}(t), 0).$$

Podemos verificar também que

$$B(t) = \frac{(\operatorname{sen}(t), -\cos(t), 1)}{\sqrt{2}}.$$

Ainda:

$$\alpha'(t) = (-\operatorname{sen}(t), \cos(t), 1)$$

e

$$\alpha''(t) = (-\cos(t), -\operatorname{sen}(t), 0),$$

do que podemos calcular

$$\kappa(t) = \frac{|\alpha' \times \alpha''|}{|\alpha'|^3} = \frac{|(\operatorname{sen}(t), -\cos(t), 1)|}{|(-\operatorname{sen}(t), \cos(t), 1)|^3} = \frac{\sqrt{2}}{\sqrt{2}^3} = \frac{1}{2}.$$

Como $\alpha''' = (\operatorname{sen}(t), -\cos(t), 0)$, temos

$$\tau(t) = \frac{\langle \alpha'', \alpha' \times \alpha''' \rangle}{|\alpha' \times \alpha''|^2} = \frac{-1}{\sqrt{2}^2} = -\frac{1}{2}.$$

Dessa forma, a primeira equação de Frenet-Serret é verificada, pois

$$T'(t) = \frac{1}{\sqrt{2}}(-\cos(t), -\operatorname{sen}(t), 0) = \sqrt{2} \cdot \frac{1}{2}(-\cos(t), -\operatorname{sen}(t), 0) = |\alpha'(t)|\kappa(t) N(t).$$

Da mesma maneira, a segunda equação de Frenet-Serret também é verificada, uma vez que

$$N'(t) = (\operatorname{sen}(t), -\cos(t), 0)$$

e

$$-|\alpha'(t)|\kappa(t)T(t) - |\alpha'(t)|\tau(t) B(t)$$
$$= -\sqrt{2} \cdot \frac{1}{2} \cdot \frac{(-\operatorname{sen}(t), \cos(t), 1)}{\sqrt{2}} - \sqrt{2} \cdot \left(-\frac{1}{2}\right) \cdot \frac{(\operatorname{sen}(t), -\cos(t), 1)}{\sqrt{2}} = (\operatorname{sen}(t), \cos(t), 0).$$

Por fim, a última equação de Frenet-Serret também é satisfeita, pois

$$B'(t) = \frac{(\cos(t),\ \text{sen}(t), 0)}{\sqrt{2}} = \left(-\frac{1}{2}\right)(-\cos(t), -\text{sen}(t), 0) = \tau(t) N(t)$$

1.5 Teoremas fundamentais das curvas

Vamos finalizar este capítulo com dois teoremas importantes no estudo de curvas. A ideia por trás desse teorema é o fato de que uma curva no espaço é determinada por sua curvatura. Analogamente, uma curva no espaço fica determinada por sua curvatura e sua torção.

Definição 1.15

Duas curvas $\alpha, \beta: I \to \mathbb{R}^n$ são congruentes se existe uma função $f: \mathbb{R}^n \to \mathbb{R}^n$ que preserve distâncias tais que

$$\alpha(t) = f(\beta(t))$$

A uma função $f: \mathbb{R} \to \mathbb{R}$ que preserva distâncias é comum denominá-la de *isometria*; assim, duas curvas são congruentes se existe uma isometria cuja aplicação em uma das curvas tem como imagem a outra curva.

Lema 1.1

Sejam $\alpha, \beta: I \to \mathbb{R}^2$ congruentes.

I. Se a isometria preserva orientação, então $\kappa_\alpha = \kappa_\beta$.
II. Se a isometria reverte orientação, então $\kappa_\alpha = -\kappa_\beta$.

Demonstração

Seja $f: \mathbb{R}^n \to \mathbb{R}^n$, uma isometria, com $\alpha = f(\beta)$.

Derivando a igualdade, obtemos

$$\alpha'(t) = f'(\beta(t))\, \beta'(t)$$

Do estudo de isometrias em $\mathbb{R}^n$, sabemos que se decompõe de forma única como composição de uma translação L e uma transformação ortogonal θ, isto é,

$$f = L \circ \theta.$$

Ainda, dado $p \in \mathbb{R}^n$, temos

$df_p = \theta$

Usando esses fatos, obtemos
$\alpha'(t) = \theta(\beta(t))\, \beta'(t)$

Como θ é ortogonal, $|\theta| = 1$ e

$|\alpha'(t)| = |\beta'(t)|$

A identidade anterior nos mostra que podemos supor sem perda de generalidade que α e β sejam parametrizadas por comprimento de arco. Isso implica

$$\left|\kappa_\alpha(t)\right| = \left|\alpha''(t)\right| = \left|\beta''(t)\right| = \left|\kappa_\beta(t)\right|$$

Da fórmula da curvatura, segue que:

I. se a orientação é preservada,

$$\kappa_\alpha(t) = \langle T'_\alpha, N_\alpha \rangle = \langle \theta\, T'_\beta, \theta N_\beta \rangle = \kappa_\beta;$$

II. se a orientação não é preservada,

$$\kappa_\alpha(t) = \langle T'_\alpha, N_\alpha \rangle = -\langle \theta\, T'_\beta, \theta N_\beta \rangle = -\kappa_\beta;$$

O primeiro teorema nos ensina que a recíproca também é verdadeira, e ainda conseguiremos mostrar mais do que isso.

Vejamos uma motivação para tal resultado. Seja $\alpha\colon I \to \mathbb{R}^2$ uma curva unitária. Pela primeira equação de Frenet, temos a igualdade

$T'(t) = \kappa(t)\, N(t).$

Escrevendo em coordenadas, ganhamos o sistema
$(x''(t), y''(t)) = \kappa(t)\, (y''(t), x''(t)),$

do que resulta

$$\begin{cases} x''(t) = -\kappa(t)\, y''(t) \\ y''(t) = \kappa(t)\, x''(t). \end{cases}$$

Pelo teorema de existência e unicidade de equações diferenciais ordinárias (também chamado *EDOs*), dada $\kappa: I \to \mathbb{R}^2$ contínua, $(x_0, y_0) \in \mathbb{R}^2$ e $(v_1, v_2) \in \mathbb{R}^2$, existe solução única contínua e diferenciável com

$$\begin{cases} (x(t_0), y(t_0)) = (x_0, y_0) \\ (x'(t_0), y'(t_0)) = (v_1, v_2). \end{cases}$$

De outra forma, podemos dizer que dada uma função κ e dois pontos (x_0, y_0), $(v_1, v_2) \in \mathbb{R}^2$, existe uma única curva α tal que

$$\alpha(t_0) = (x_0, y_0) \text{ e } \alpha'(t_0) = (v_1, v_2).$$

Teorema 1.1
a) Dada uma função contínua $\kappa: I \to \mathbb{R}$, existe uma curva $\alpha: I \to \mathbb{R}^2$ parametrizada por comprimento de arco com $\kappa_\alpha = \kappa$.
b) Fixados $\alpha(t_0) = (x_0, y_0)$ e $\alpha'(t_0) = (v_1, v_2)$, α é única.
c) Suponha $\alpha, \beta: I \to \mathbb{R}^2$ tal que $\kappa_\alpha = \pm\kappa_\beta$, então α é congruente a β.

Demonstração
a) Definamos a função $\theta: I \to \mathbb{R}$ por

$$\theta(t) = \theta_0 + \int_{t_0}^{t} \kappa(u) du$$

para determinado $t_0 \in \mathbb{R}$ fixado. Seja $p_0 = (x_0, y_0) \in \mathbb{R}^2$, nossa curva α é definida por

$$x(t) = x_0 + \int_{t_0}^{t} \cos(\theta(u)) du$$
$$y(t) = y_0 + \int_{t_0}^{t} \text{sen}(\theta(u)) du.$$

Então, segue
$$x'(t) = \cos(\theta(t))$$
$$y'(t) = \text{sen}(\theta(t)).$$

Por consequência, temos
$$T(t) = \big(\cos(\theta(t)), \text{sen}(\theta(t))\big) = \alpha'(t)$$
$$N(t) = \big(-\text{sen}(\theta(t)), \cos(\theta(t))\big).$$

Logo, obtemos
$$T'(t) = \left(-\operatorname{sen}(\theta(t))\ \theta'(t),\ \cos(\theta(t))\right).$$

Observe que α é unitária e sua curvatura é
$$\kappa_\alpha(t) = \langle T'(t), N(t)\rangle$$
$$= \left[\operatorname{sen}^2(\theta(t)) + \cos^2(\theta(t))\right]\theta'(t)$$
$$= \theta'(t) = \kappa(t).$$

b) É uma consequência do comentário anterior ao teorema.

c) Suponha α e β como anteriormente. Para $t_0 \in I$ fixado e os pontos

$\alpha(t_0)$ e $\alpha'(t_0)$

existe isometria $f: \mathbb{R}^2 \to \mathbb{R}^2$ tal que a curva
$$\gamma(t) \doteq f \circ \beta(t)$$

satisfaz
$$\gamma(t_0) = f(\beta(t_0)) = \alpha(t_0)$$

e
$$\gamma'(t_0) = df_{\beta(t_0)}\ \beta'(t_0) = \alpha'(t_0).$$

Pela parte (b), temos $\gamma \equiv \alpha$. Portanto, α e β são congruentes.

Agora, vamos mostrar o resultado análogo para curvas no espaço. Mas, primeiramente, devemos observar o Lema 1.2, a seguir.

Lema 1.2

Sejam $\alpha, \beta: I \to \mathbb{R}^3$ congruentes.

a) $\kappa_\alpha = \kappa_\beta$.
b) $\tau_\alpha = \pm \tau_\beta$ o sinal depende do fato da isometria, que leva α e β a preservar ou não a orientação.

Demonstração

a) Observe que $\kappa_\alpha = \kappa_\beta$ foi demonstrado no Lema 1.1.
b) Suponhamos, sem perda de generalidade, que α e β estejam parametrizadas por comprimento de arco e seja $f: \mathbb{R}^3 \to \mathbb{R}$ isometria tal que
$\alpha = f(\beta)$.
Assim como no Lema 1.1, temos

$$T_\alpha(t) = \alpha'(t) = df_{\beta(t)}\beta'(t) = \theta\beta'(t) = \theta T_\beta(t),$$

do que segue

$$T'_\alpha(t) = \theta T'_\beta(t).$$

Pela primeira fórmula de Frenet, temos

$$T'_\alpha(t) = \kappa_\alpha(t)\, N_\alpha(t) \text{ e } T'_\beta(t) = \kappa_\beta(t)\, N_\beta(t),$$

do que resulta

$$N_\alpha(t) = \theta N_\beta(t).$$

Se f preserva a orientação/não preserva a orientação, temos

$$B_\alpha(t) = T_\alpha(t) \times N_\alpha(t)$$
$$= \theta T_\beta(t) \times \theta N_\beta(t)$$
$$= \pm\theta(T_\beta(t) \times N_\beta(t))$$
$$= \pm\theta B_\beta(t).$$

Logo, concluímos que

$$B'_\alpha(t) = \pm\, \theta B'_\beta(t).$$

Por fim, pela fórmula da torção e pelo fato de que $\langle \theta u,\, \theta v \rangle = \langle u, v \rangle$, para quaisquer vetores $u, v \in \mathbb{R}^3$, temos

$$\tau_\alpha(t) = \langle B'_\alpha(t), N_\alpha(t) \rangle$$
$$= \langle \pm\theta B'_\beta(t), \theta N_\beta(t) \rangle$$
$$= \langle \pm B'_\beta(t), N_\beta(t) \rangle$$
$$= \pm\tau_\beta(t).$$

■

Agora, estamos prontos para demonstrar o teorema fundamental das curvas no espaço, uma vez que temos as ferramentas necessárias para tal.

Teorema 1.2

a) Dadas duas funções contínuas, $\kappa, \tau: I \to \mathbb{R}^3$, $\kappa > 0$, então existe uma curva $\alpha: I \to \mathbb{R}^3$ parametrizada por comprimento de arco, com κ sendo sua curvatura e τ sua torção.

b) Fixados $\alpha(t_0) = (x_0, y_0, z_0)$, $\alpha'(t_0) = (v_1, v_2, v_3)$ e $\alpha''(t_0) = \kappa(t_0)(v_1, v_2, v_3)$, α é única.

c) Suponha $\alpha, \beta: I \to \mathbb{R}^3$ tais que $\kappa_\alpha = k_\beta > 0$ e $|\tau_\alpha| = |\tau_\beta|$ então α e β são congruentes.

Demonstração

a) Primeiramente, vamos mostrar que existe um referencial ortonormal (T, N, B) e, então, definiremos α a partir de T. A estratégia será utilizar as equações de Frenet-Serre e o teorema da existência e unicidade para EDOs. Sejam $\kappa, \tau: I \to \mathbb{R}^3$ contínuas com $\kappa > 0$. Pelo teorema de existência e unicidade, existem T, N, B tais que

$$\begin{cases} T' = \kappa N \\ N' = -\kappa T - \tau B \\ B' = \tau N \end{cases} \text{ e } \begin{cases} T(t_0) = e_1 = (1,0,0) \\ N(t_0) = e_2 = (0,1,0) \\ B(t_0) = e_3 = (0,0,1). \end{cases}$$

A seguir, vamos ver que (T, N, B) é ortonormal e B satisfaz
$B = T \times N$.

Primeiramente, a ortonormalidade: sejam as equações e suas derivadas construídas a partir do sistema anterior.

1. $\langle T, T \rangle' = 2\langle T', T \rangle = 2\langle \kappa N, T \rangle = 2\langle \kappa N, T \rangle$.
2. $\langle N, N \rangle' = 2\langle N', N \rangle = 2(\langle -\kappa T - \tau B, N \rangle) = -2(\kappa \langle T, N \rangle + \tau \langle B, N \rangle)$.
3. $\langle B, B \rangle' = 2\langle B', B \rangle = 2\langle \tau N, B \rangle = 2\tau \langle N, B \rangle$.
4. $\langle T, N \rangle' = \langle T', N \rangle + \langle T, N' \rangle = \kappa \langle N, N \rangle - \kappa \langle T, T \rangle - \tau \langle T, B \rangle$.
5. $\langle T, B \rangle' = \langle T', B \rangle + \langle T, B' \rangle = \kappa \langle N, B \rangle + \tau \langle T, N \rangle$.
6. $\langle B, N \rangle' = \langle B', N \rangle + \langle B, N' \rangle = \tau \langle N, N \rangle - \kappa \langle B, T \rangle - \tau \langle B, B \rangle$.

Supondo

$$\begin{cases} \langle T(t_0), T(t_0) \rangle = \langle N(t_0), N(t_0) \rangle = \langle B(t_0), B(t_0) \rangle = 1 \\ \langle T(t_0), N(t_0) \rangle = \langle T(t_0), B(t_0) \rangle = \langle N(t_0), B(t_0) \rangle = 0, \end{cases}$$

essas funções satisfazem o sistema formado pelas equações derivadas (1)-(6). Portanto, a solução do sistema referido com a condição inicial dada forma um referencial ortonormal.

Quanto à condição sobre B, temos as possibilidades
$B = T \times N$ ou $B = -T \times N$.

Equivalentemente,

$$\det(T, N, B) > 0 \text{ ou } \det(T, N, B) < 0.$$

Avaliando em t_0, das hipóteses do sistema considerado, temos

$$\det(T(t_0), N(t_0), B(t_0)) > 0.$$

Segue por continuidade que, para cada $t \in I$, temos

$$\det(T, N, B) > 0 \Rightarrow B = T \times N.$$

Por fim, seja

$$\alpha(t) = \int_{t_0}^{t} T(s)ds.$$

Então,

$$\begin{cases} |\alpha'(t)| = |T(t)| = 1, \\ \alpha'(t) = T(t) \\ \alpha''(t) = T'(t) = \kappa(t) N(t). \end{cases}$$

Por hipótese, $\kappa > 0$ e construímos N unitário, dessa forma,

$$\kappa_\alpha = |\alpha''| = \kappa.$$

Quanto à torção, note que

$$N_\alpha = \frac{T'_\alpha}{\kappa_\alpha} = \frac{T'}{\kappa} = N;$$

logo, temos

$$B'_\alpha = T_\alpha \times N_\alpha = T \times N = B', 1$$

do que resulta

$$\tau_\alpha = \langle B'_\alpha, N_\alpha \rangle = \langle B', N \rangle = \tau.$$

Portanto, α é a curva procurada.

b) Sejam $t_0 \in I_\beta$ e $u, v \in \mathbb{R}^3$ vetores ortonormais tais que

$$\alpha(t_0) = p_0, \alpha'(t_0) = u, \alpha''(t_0) = \kappa(t_0)v.$$

Pelo teorema de existência e unicidade de EDOs, existem T, N, B tais que
$$T(t_0) = u, N(t_0) = v \text{ e } B(t_0) = u \times v.$$

Assim como feito no item (a), (T, N, B) é ortonormal; logo,

$$\alpha(t) = p_0 + \int_{t_0}^{t} T(r)dr.$$

c) Vamos nos ater ao caso com sinal positivo, sem perda de generalidade. Sejam $t_0 \in I$ e curvas $\alpha, \beta: I \to \mathbb{R}^3$ satisfazendo

$$\kappa_\alpha = \kappa_\beta > 0 \text{ e } |\tau_\alpha| = |\tau_\beta|.$$

Existe uma isometria $f: \mathbb{R}^3 \to \mathbb{R}^3$ com

$$f(\beta(t_0)) = \alpha(t_0)$$

$$\begin{cases} df_{\beta(t_0)} T_\beta(t_0) = T_\alpha(t_0) \\ df_{\beta(t_0)} N_\beta(t_0) = N_\alpha(t_0) \\ df_{\beta(t_0)} B_\beta(t_0) = B_\alpha(t_0). \end{cases}$$

Segue que

$$\kappa_{f \circ \beta} = k_\alpha = k_\beta$$
$$|\tau_{f \circ \beta}| = |\tau_\alpha| = |\tau_\beta|$$
$$T_{f \circ \beta} = T_\alpha, N_{f \circ \beta} = N_\alpha, B_{\beta \circ f} = B_\alpha.$$

Então, pela unicidade da solução de EDOs, temos
$f(\beta(t)) = \alpha(t)$
Portanto, são congruentes.

> **Síntese**
>
> Finalizamos o capítulo relembrando os pontos principais da teoria. Dedicamos nossos primeiros esforços à definição de propriedades das curvas (espaciais e planas). Com esse conceito, fomos capazes de desenvolver uma ferramenta chamada de *curvatura*. O resultado teórico mais profundo apresentado foram os teoremas fundamentais das curvas; estes nos permitiram – com o auxílio de equações diferenciais – relacionar os conceitos estudados ao longo do capítulo.

Atividades de autoavaliação

1) Dê um exemplo de uma curva fechada tal que sua reparametrização não seja fechada.

2) Calcule as curvaturas das seguintes curvas:

   a. $\alpha_1(t) = \left(\frac{1}{3} \cdot (1+t)^{\frac{3}{2}}, \frac{1}{3} \cdot (1-t)^{\frac{3}{2}}, \frac{t}{\sqrt{2}} \right)$

   b. $\alpha_2(t) = \left(\frac{4}{5} \cdot \cos(t), 1 - \text{sen}(t), -\frac{3}{5} \cdot \cos(t) \right)$

   c. $\alpha_3(t) = (t, \cosh(t))$

   d. $\alpha_4(t) = (\cos^3(t) \, \text{sen}^3(t))$

3) Calcule a torção da curva $\alpha(t) = (a \cdot \cos(t), a \cdot \text{sen}(t), b \cdot t)$.

4) Calcule curvatura, torção, vetor normal, binormal e verifique que as equações de Frenet-Serret válidas:

   a. $\alpha(t) = \left(\frac{1}{3} \cdot (1+t)^{\frac{3}{2}}, \frac{1}{3} \cdot (1-t)^{\frac{3}{2}}, \frac{t}{\sqrt{2}} \right)$

   b. $\beta(t) = \left(\frac{4}{5} \cdot \cos(t), 1 - \text{sen}(t), -\frac{3}{5} \cdot \cos(t) \right)$

5) Seja $\alpha: I \to \mathbb{R}$ uma curva dada por $\alpha(t) = (f(t), g(t), h(t))$ cujas entradas sejam polinômios e a segunda derivada seja nula em todo o intervalo I. Mostre que o traço de α é um segmento de reta.

6) Classifique as sentenças a seguir como verdadeiras (V) ou falsas (F):

   ( ) A curva $\alpha(t) = (\cos(t^2), \text{sen}(t^2))$, para $t \in [0, \sqrt{\pi}]$ é uma reparametrização do círculo unitário.

   ( ) Dois círculos de tamanhos distintos são reparametrizações um do outro.

   ( ) Toda curva fechada é periódica, isto é, se $\alpha: \mathbb{R} \to \mathbb{R}^n$ é uma curva de forma que $\tilde{\alpha}: [a, b] \to \mathbb{R}^n$, $\tilde{\alpha}(t) = \alpha(t)$ para cada $t \in [a, b]$ tem o mesmo traço que α e $\tilde{\alpha}(a) = \tilde{\alpha}(b)$, então existe $p \in \mathbb{R}$ tal que $\alpha(t+p) = \alpha(t)$ para todo $t \in \mathbb{R}$.

( ) Se $\alpha: I \to \mathbb{R}^n$ é uma curva e I é um intervalo aberto, então $\alpha(I)$ é um subconjunto aberto de $\mathbb{R}^n$.

( ) Se $\tilde{\alpha} = \alpha \circ f$, em que α é uma curva e $f: \tilde{I} \to I$ é uma função qualquer, então $\tilde{\alpha}$ pode não ser localmente injetiva.

7) Classifique as sentenças a seguir como verdadeiras (V) ou falsas (F):
   ( ) A curva $\alpha(t) = (t^2, t^3, \cos(t))$ é regular em $\mathbb{R}$.
   ( ) Existe uma curva unitária não parametrizada por comprimento de arco.
   ( ) Se $f, g: I \to \mathbb{R}$ são funções positivas estritamente crescentes, então a curva $\alpha(t): I \to \mathbb{R}^3$ dada por $\alpha(t) = (e^t f(t), e^t g(t), \cos(t))$ é regular.
   ( ) Quanto mais pontos tiver uma partição P, menor será o valor de $\ell(a, P)$.
   ( ) A curva $\alpha(t) = (t, |t|)$ é regular.

8) Classifique as sentenças a seguir como verdadeiras (V) ou falsas (F):
   ( ) A curvatura com sinal de $(t, \cos(t))$ em $t = 0$ é negativa.
   ( ) A curvatura sempre é um número real não negativo.
   ( ) Curvas não regulares também têm triedro de Frenet.
   ( ) Segmentos de reta têm curvatura não nula.
   ( ) Dois dos vetores T, N e B podem coincidir em $\mathbb{R}^3$.

9) Classifique as sentenças a seguir como verdadeiras (V) ou falsas (F):
   ( ) Se T, N e B são os vetores do triedro de Frenet, então $\det(T, N, B) \neq 0$.
   ( ) A curvatura com sinal de duas curvas congruentes coincide.
   ( ) Não existe nenhuma curva $\alpha: \left[0, \frac{\pi}{2}\right] \to \mathbb{R}^2$ cuja função curvatura seja a função $\kappa_\alpha: \left[0, \frac{\pi}{4}\right] \to \mathbb{R}$ dada por $\kappa_\alpha(t) = \cos(t)$.
   ( ) Para qualquer isometria f de $\mathbb{R}^3$, temos que as curvaturas com sinal de α coincidem.
   ( ) Para N, T vetores ortogonais do triedro de Frenet, temos que $\langle N', T \rangle = \langle N, T' \rangle = 0$

10) Classifique as sentenças a seguir como verdadeiras (V) ou falsas (F):
    ( ) Se α é uma curva unitária, então $|\alpha(t)| = 1$.
    ( ) Se $\alpha(t) = (\cos(t), \operatorname{sen}(t))$, então $\alpha, \alpha', \alpha''$ são vetores paralelos.
    ( ) Se f é uma translação em $\mathbb{R}^3$, então $\kappa_\alpha = \kappa_{f(\alpha)}$.
    ( ) Existe uma função $f: \mathbb{R} \to \mathbb{R}$ diferenciável, tal que a curva $\alpha(t) = (\cos(t), \operatorname{sen}(t), f(t))$ não seja uma curva regular.
    ( ) Se é uma curva unitária, então $\kappa_\alpha(t) = \left|\dfrac{\alpha''(t)}{\|\alpha''(t)\|}\right|$.

Atividades de aprendizagem

Questões para reflexão

1) Verifique se as curvas a seguir são unitárias:

a. $\alpha(t) = \left(\frac{1}{3} \cdot (1+t)^{\frac{3}{2}}, \frac{1}{3} \cdot (1-t)^{\frac{3}{2}}, \frac{t}{\sqrt{2}}\right)$

b. $\beta(t) = \left(\frac{4}{5} \cdot \cos(t), 1 - \operatorname{sen}(t), -\frac{3}{5} \cdot \cos(t)\right)$

2) Mostre que a curva

$\alpha(t) = (\cos^3(t) \cdot \cos(3t), \cos^3(t) \cdot \operatorname{sen}(3t))$

tem apenas um ponto de autoinserção.

Atividades aplicadas: prática

1) Encontre parametrizações para as seguintes curvas de nível:

a. $y^2 - x^2 = 1$

b. $\frac{x^2}{4} + \frac{y^2}{9} = 1$

2) Escreva as equações das seguintes parametrizações:

a. $\alpha(t) = (\cos^2(t), \operatorname{sen}^2(t))$

b. $\beta(t) = (e^t, t^2)$

O primeiro capítulo foi dedicado ao estudo de curvas. Agora, abordaremos a geometria de superfícies regulares, isto é, subconjuntos de $\mathbb{R}^3$ que, localmente, são parecidos com $\mathbb{R}^2$. Chamamos a atenção do leitor para o fato de usarmos mais conceitos de cálculo diferencial em várias variáveis em diversos momentos do texto, a fim de analisar a diferenciabilidade sobre superfícies.

2 Superfícies

2.1 Superfícies regulares

Primeiramente, vejamos a definição do que é uma superfície regular, que será um dos principais objetos de estudo do capítulo; na sequência, veremos alguns exemplos.

Definição 2.1

Um conjunto $S \subset \mathbb{R}^3$ é chamado de *superfície regular* se, para cada $p \in S$, existe uma vizinhança V em S, um aberto $U \subset \mathbb{R}^2$ e um homeomorfismo $\phi: U \to V$.

Figura 2.1 – Superfície regular

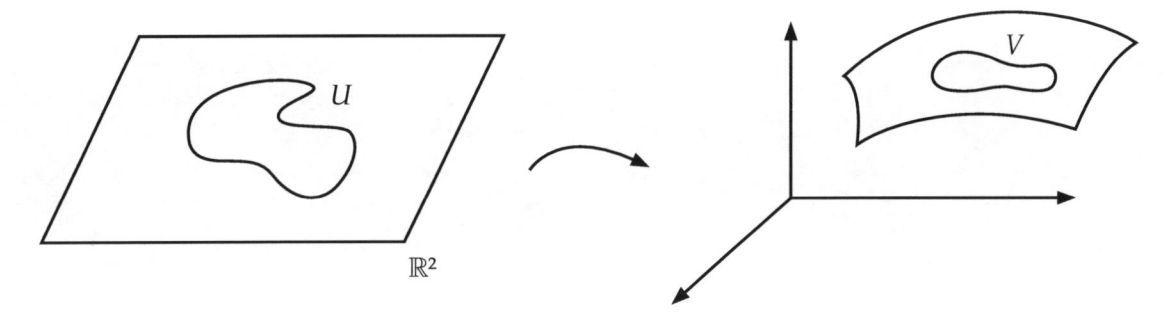

Com as notações da definição, ϕ é chamado de *carta coordenada*, e a coleção dessas cartas denominamos de *atlas*. Essa nomenclatura é emprestada das variedades diferenciáveis, cujo conceito é uma generalização do conceito das superfícies para espaços de dimensão maior.

Proposição 2.1

Se S é uma superfície regular e $\phi: U \subset \mathbb{R}^2 \to V \subset S$ é uma carta coordenada, então $d\phi_q: \mathbb{R}^2 \to \mathbb{R}^3$ tem posto 2 para cada ponto $q \in U$.

Demonstração

Sejam $q \in U$ e $p \in V$ com $\phi(q) = p$. Considere $\phi^{-1}: V \to U$, pela regra da cadeia,

$$d(\varphi^{-1} \circ \varphi)_p = d\varphi_p^{-1} \, d\varphi_q$$

e

$$\varphi^{-1} \circ \varphi = id_U \Rightarrow d(\varphi^{-1} \circ \varphi) = id_U.$$

Então, $d\varphi_p^{-1} d\varphi_q$ é a transformação identidade em $\mathbb{R}^2$ que tem posto 2. Portanto, $d\phi_q$ tem posto 2. ∎

Vamos esclarecer o significado desse resultado: $d\phi_q$ ter posto nos diz que sua imagem tem duas dimensões. Mais explicitamente, seja

$$\varphi: U \subset \mathbb{R}^2 \to V \subset S, \text{ com } \varphi(u, v) = (x(u, v), y(u, v), z(u, v)).$$

Utilizando as bases canônicas de $\mathbb{R}^2$ e $\mathbb{R}^3$, a matriz jacobiana ϕ de em $q = (u, v)$ e

$$d\varphi_{u,v} = \begin{bmatrix} \dfrac{\partial x}{\partial u} & \dfrac{\partial x}{\partial v} \\ \dfrac{\partial y}{\partial u} & \dfrac{\partial y}{\partial v} \\ \dfrac{\partial z}{\partial u} & \dfrac{\partial z}{\partial v} \end{bmatrix}.$$

Logo,

$$\frac{\partial \varphi}{\partial u} = d\varphi_{(u,v)}(e_1) = \left(\frac{\partial x}{\partial u}, \frac{\partial y}{\partial u}, \frac{\partial z}{\partial u}\right) \text{ e } \frac{\partial \varphi}{\partial v} = d\varphi_{(u,v)}(e_2) = \left(\frac{\partial x}{\partial v}, \frac{\partial y}{\partial v}, \frac{\partial z}{\partial v}\right)$$

são linearmente independentes.

Via curvas, a argumentação anterior se resume a

$$\frac{\partial \varphi}{\partial u} = d\varphi_{(u,\,v)}(e_1) = (\varphi \circ \gamma_1)' \text{ e } \frac{\partial \varphi}{\partial v} = d\varphi_{(u,\,v)}(e_2) = (\varphi \circ \gamma_2)',$$

em que $\gamma_1(t) = q + te_1$ e $\gamma_2(t) = q + te_2$. Portanto, analisar como a superfície se comporta na direção de u equivale a analisar a variação da composição de ϕ composta com o caminho γ_1, que varia linearmente apenas a primeira coordenada de q. O mesmo raciocínio pode ser aplicado para a direção v.

Figura 2.2 – Superfície regular

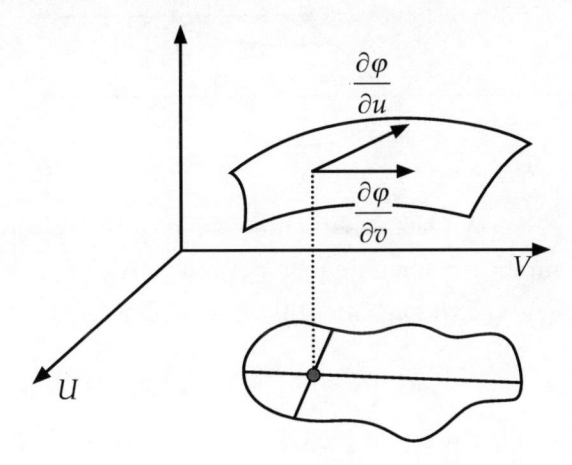

Vejamos alguns exemplos de superfícies regulares.

Exemplo 2.1
1. Plano: todo aberto $U \subset \mathbb{R}^2$ é uma superfície regular coberta por uma única carta $\phi = id_U$.
2. Esfera: considere a esfera unitária $\mathbb{S}^2 \subset \mathbb{R}^2$. Veja que, para cada ponto $p \in \mathbb{S}^2 \setminus \{(0,0,1)\}$ existe uma única reta que passa pelo ponto $(0,0,1)$ e por p, de forma que essa reta passa por um único ponto do plano $z = 0$. Reciprocamente, dado um ponto Q no plano $z = 0$, existe uma reta que passa pelo ponto $(0,0,1)$ e por Q e existe um único ponto $q \in \mathbb{S}^2 \setminus \{(0,0,1)\}$ que está nessa reta. Temos, então, duas funções que associam os pontos do plano $z = 0$ e do conjunto $\mathbb{S}^2 \setminus \{(0,0,1)\}$. Você pode praticar escrevendo tais funções em termos de coordenadas. Deixamos o desafio! Essas funções que "projetam" a esfera no plano são chamadas de *projeções estereográficas da esfera no plano*.

Figura 2.3 – Projeção estereográfica da esfera no plano

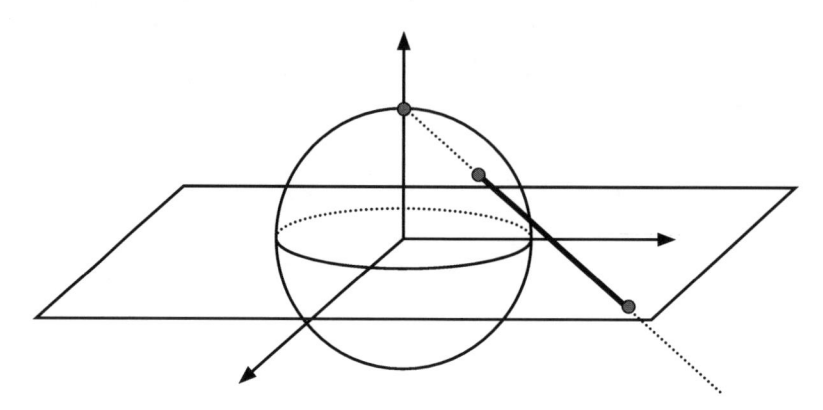

Neste momento, você pode estar se questionando sobre a dificuldade de determinar se certo conjunto é ou não uma superfície somente pela definição. A próxima seção será destinada à dedução de teoremas que nos auxiliem a identificar superfícies.

Definição 2.2

Uma superfície parametrizada é uma função diferenciável de classe C^k, $\kappa \leq \infty$, $\phi: U \subset \mathbb{R}^2 \to \mathbb{R}^3$, sendo U aberto, tal que, para todo $q \in U$, tenhamos que $d\phi_q: \mathbb{R}^2 \to \mathbb{R}^3$ tem posto 2.

É importante destacar que uma superfície regular é um subconjunto V de $\mathbb{R}^3$ que é parecido com $\mathbb{R}^2$ no sentido em que existe uma aplicação bijetiva diferenciável entre V e $\mathbb{R}^2$ cuja inversa é diferenciável também. Por outro lado, uma superfície parametrizada é uma aplicação diferenciável.

Observação 2.1

Uma superfície regular não admite autointerseções, ao passo que uma superfície parametrizada pode admitir. Por exemplo, uma possível parametrização para o cilindro em $\mathbb{R}^3$ de equação $x^2 + y^2 = 1$ é dada por

$$\varphi: \mathbb{R}^2 \to \mathbb{R}^3 \text{ com } \varphi(u, v) = \big(\cos(u),\ \operatorname{sen}(u),\ v\big),$$

é uma superfície parametrizada com autointerseções, uma vez que, para cada $k \in \mathbb{Z}$, temos que

$$\varphi(u + 2k\pi, v + 2k\pi) = \big(\cos(u + 2k\pi), \operatorname{sen}(u + 2k\pi), v\big) = \big(\cos(u),\ \operatorname{sen}(u), v\big) = \varphi(u, v).$$

Figura 2.4 – Parametrização do cilindro

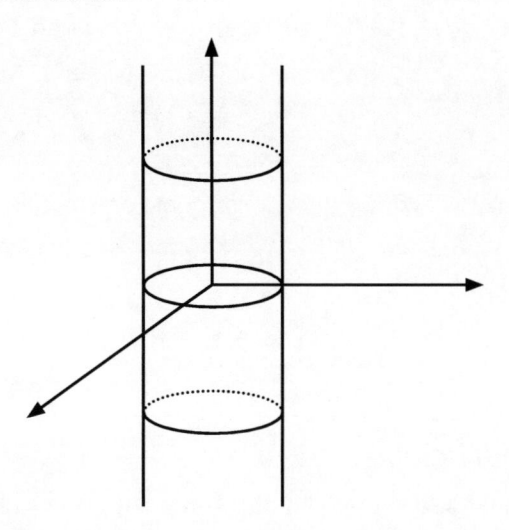

Nosso estudo de superfícies é local, isto é, sempre estamos em uma vizinhança de um ponto da superfície. Desse modo, não faz diferença se estamos trabalhando com superfícies regulares ou parametrizadas. Esse fato fica evidente no resultado a seguir.

Proposição 2.2

Se $\phi: U \subset \mathbb{R}^2 \to \mathbb{R}^3$ é uma superfície parametrizada para cada $q_0 \in U$, existe um aberto $\tilde{U} \subset U$ contendo q_0 tal que $\varphi(\tilde{U}) = S$ é uma superfície regular.

Demonstração

Seja $q_0 \in U$. Dada ϕ como no enunciado, vimos que $\{d\phi_q(e_1), d\phi_q(e_2)\}$ é linearmente independente. Escolhendo $N \in \mathbb{R}^3$ de tal forma que $\{d\phi_q(e_1), d\phi_q(e_2), N\}$ seja linearmente independente, definimos a aplicação

$$f: U \times \mathbb{R} \to \mathbb{R}^3 \text{ com } f(q, t) = \varphi(q) + tN$$

e também definimos $p_0 = \phi(q_0) = f(q_0, 0)$

Note que $df_{(q_0,0)}: \mathbb{R}^3 \to \mathbb{R}^3$ leva a base ortonormal $\{e_1, e_2, e_3\}$ de $\mathbb{R}^3$ na base $\{d\phi_q(e_1), d\phi_q(e_2), N\}$. Então, temos que $df_{(q_0,0)}$ é invertível. Pelo teorema da função inversa, existe uma vizinhança A de $(q_0, 0)$ em $U \times \mathbb{R}$ e uma vizinhança B de p_0 em $\mathbb{R}^3$, tal que $f|_A : A \to B$ é invertível. Dado $\varepsilon > 0$, podemos supor A da forma $A = \tilde{U} \times (-\varepsilon, \varepsilon)$, para $\tilde{U} \subset U$ um aberto.

Vamos definir $S = \varphi(\tilde{U})$. Como f é localmente invertível, então f é injetiva em A, e ϕ é injetiva em $\tilde{U}$. Assim, existe $\varphi^{-1} \colon S \to (\tilde{U})$. Por fim, seja $\pi \colon A \to U$ a projeção dada por $\pi(q, t) = q$. A função

$$p \circ f^{-1} \colon B \to \tilde{U}$$

é tal que $p \circ f^{-1} \mid_{B \cap S} = \varphi^{-1}$. Portanto, ϕ^{-1} é localmente a projeção; logo, é diferenciável. ∎

A moral desse teorema é que, localmente, superfícies parametrizadas são também superfícies regulares.

2.2 Teoremas de superfície

Os próximos resultados facilitam na determinação de superfícies. O primeiro dos exemplos mais simples de determinar superfícies é dado pelos gráficos de aplicações diferenciáveis.

Proposição 2.3

Seja uma aplicação $f \colon U \subset \mathbb{R}^2 \to \mathbb{R}^3$ diferenciável de classe C^k, então, o gráfico de f é uma superfície regular.

Demonstração

Seja $\varphi \colon U \subset \mathbb{R}^2 \to \mathbb{R}^3$ definida por

$$\varphi(u,v) = (u, v, f(u,v)).$$

Segue que

$$d\varphi_q = \begin{bmatrix} 1 & 0 \\ 0 & 1 \\ \dfrac{\partial f}{\partial u} & \dfrac{\partial f}{\partial v} \end{bmatrix}$$

e, então, $d\phi_q(e_1)$ e $d\phi_q(e_2)$ são linearmente independentes. Agora, seja $\pi \mid_{Graf(f)}: \mathbb{R}^3 \to \mathbb{R}^2$ com $\pi(u, v, w) = (u, v)$. Então,

$$\pi \circ \varphi(u, v) = \pi(u, v, f(u, v)) = (u, v)$$

e

$$\varphi \circ \pi \left(u, v, f(u, v)\right) = \varphi(u, v) = \left(u, v, \varphi(u, v)\right).$$

Portanto, *Graf(f)* é uma superfície regular com a carta ϕ.

Figura 2.5 – Gráfico como superfície regular

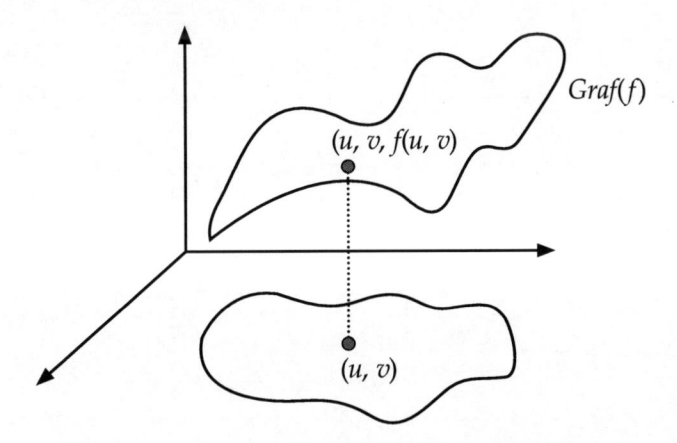

Nosso próximo exemplo trata de outra superfície comum em nossos estudos e com muitas propriedades interessantes. São as superfícies de revolução, que, como veremos na proposição a seguir, também são superfícies parametrizadas.

Proposição 2.4

Seja $\alpha: I \to \mathbb{R}^3$ com $\alpha(t) = (0, x(t), y(t))$ uma curva regular. A aplicação

$$\varphi: \mathbb{R} \times I \to \mathbb{R}^3 \text{ com } \varphi(u, v) = \left(x(v)\cos(u), x(v)\,\text{sen}(u), y(v)\right)$$

é uma superfície parametrizada, dita, *de revolução*.

Demonstração

Note que

$$d\varphi_{(u,v)} = \begin{bmatrix} -x(v)\,\text{sen}(u) & x'(v)\cos(u) \\ x(v)\cos(u) & x'(v)\,\text{sen}(u) \\ 0 & y'(v) \end{bmatrix}$$

e

$$\left| d\varphi_{(u,v)}(e_1) \times d\varphi_{(u,v)}(e_2) \right| = x(t)\left| x'(t) \right| \neq 0.$$

Então, as colunas são linearmente independentes. Portanto, é uma superfície parametrizada. ∎

Figura 2.6 – Superfície de revolução

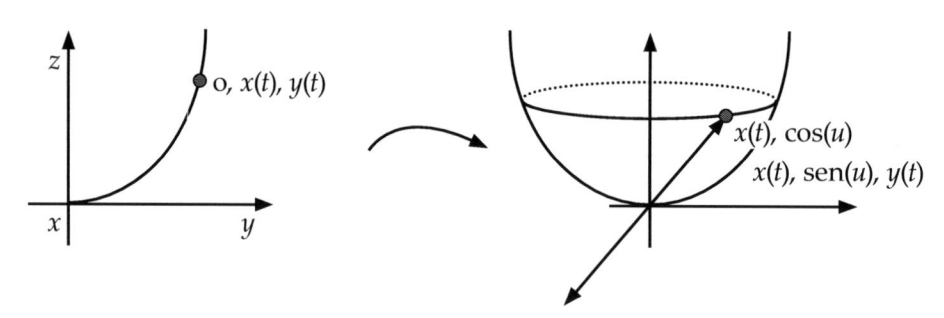

Em breve, listaremos facilmente vários exemplos. No entanto, vamos apresentar uma última ferramenta.

Definição 2.3

Seja $U \subset \mathbb{R}^3$ aberto, $f: U \to \mathbb{R}$ diferenciável $c \in \mathbb{R}$ e na imagem de f.

a) $f^{-1}(c)$ é chamada de *superfície de nível* de c;

b) c é um valor regular de f se, para todo $p \in f^{-1}(c)$, temos

$$df_p = \left(\frac{\partial f}{\partial x}(p),\ \frac{\partial f}{\partial y}(p),\ \frac{\partial f}{\partial z}(p) \right) \neq 0.$$

Os valores regulares e as superfícies de nível desempenham um papel fundamental na hora de determinarmos superfícies. Por exemplo, como veremos mais adiante, é possível encontrar uma grande variedade de superfícies dadas por equações, como as esferas, os elipsoides e os cones (ignorando o vértice).

Teorema 2.1

Seja $f:U \subset \mathbb{R}^3 \to \mathbb{R}$ diferenciável de classe C^k. Se $c \in Im(f)$ é um valor regular, então $f^{-1}(c)$ é uma superfície regular de classe C^k.

Demonstração

Seja c um valor regular de f e $p \in f^{-1}(c)$. Por hipótese $df_p \neq 0$ vamos supor que $\frac{\partial f}{\partial z}(p) \neq 0$. Definindo

$$\psi: U \to \mathbb{R} \text{ por } \psi(x, y, z) = (x, y, f(x, y, z))$$

sua matriz jacobiana em p será

$$d\psi_p = \begin{bmatrix} 1 & 0 & 0 \\ 0 & 1 & 0 \\ \frac{\partial f}{\partial x}(p) & \frac{\partial f}{\partial y}(p) & \frac{\partial f}{\partial z}(p) \end{bmatrix}$$

e seu determinante será

$$\left| d\psi_p \right| = \frac{\partial f}{\partial z}(p) \neq 0.$$

Pelo teorema da função inversa, existem vizinhanças $\tilde{U}$ de p e W de $\psi(p)$ tais que $\psi: \tilde{U} \subset U \to W$ é invertível e sua inversa é diferenciável. Denotemos a inversa de ψ por

$$\psi^{-1}: W \to \tilde{U} \text{ com } \psi^{-1} = (\psi_x^{-1}, \psi_y^{-1}, \psi_z^{-1})$$

Seja a função $h: \{(x, y) \in \mathbb{R}^2: (x, y, z) \in \tilde{U}\} \to \mathbb{R}$ dada por

$$h(x, y) = \psi_z^{-1}(x, y, c).$$

Observe que

$$S \cap \tilde{U} = \{(x, y, h(x, y)) \in \mathbb{R}^3 : (x, y) \in A\} = Graf(h).$$

Então, $S \cap \tilde{U}$ é difeomorfo a A. Portanto, $S \cap \tilde{U}$ é uma vizinhança de p em S que é difeomorfa a $A \subset \mathbb{R}^2$. ∎

Exemplo 2.2

1. Seja $\mathbb{S}^2$ a esfera unitária dada pela equação
$x^2 + y^2 + y^2 = 1$.
Definindo a função $f(x, y, z) = x^2 + y^2 + z^2$, temos que f é diferenciável de classe C^∞, além de que o valor $c = 1$ é um valor regular de f, uma vez que

$$df_p = \left(\frac{\partial f}{\partial x}(p), \frac{\partial f}{\partial y}(p), \frac{\partial f}{\partial z}(p)\right) = (2p_1, 2p_2, 2p_3)$$

para cada ponto $p = (p_1, p_2, p_3) \in \mathbb{S}^1$ da esfera. Além disso, temos $p_i \neq 0$ para algum $i \in \{1, 2, 3\}$. Logo, $df_p \neq 0$ para qualquer $p \in \mathbb{S}^2 = f^{-1}(1)$. Pelo teorema anterior, $\mathbb{S}^2$ é uma superfície regular.

Figura 2.7 – Esfera como superfície de nível de função

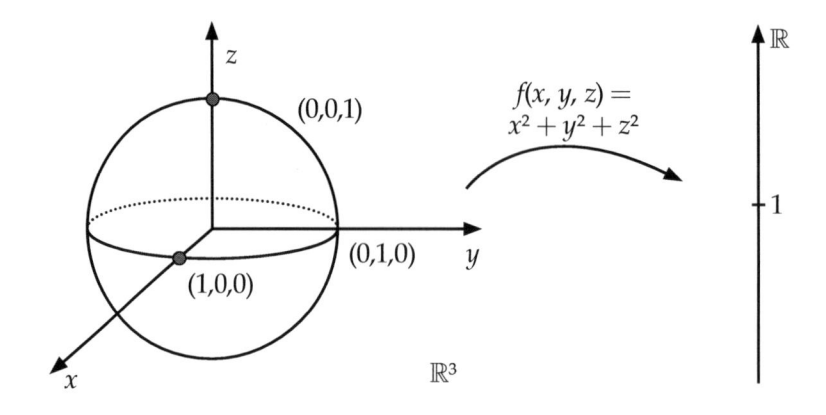

2. De modo mais geral, um elipsoide dado pela equação

$$\frac{x^2}{a^2} + \frac{y^2}{b^2} + \frac{z^2}{c^2} = 1$$

é também uma superfície regular pelo teorema anterior por meio da função $f(x, y, z) = \frac{x^2}{a^2} + \frac{y^2}{b^2} + \frac{z^2}{c^2}$ e do valor regular $c = 1$.

Figura 2.8 – Elipsoide como superfície de nível de função

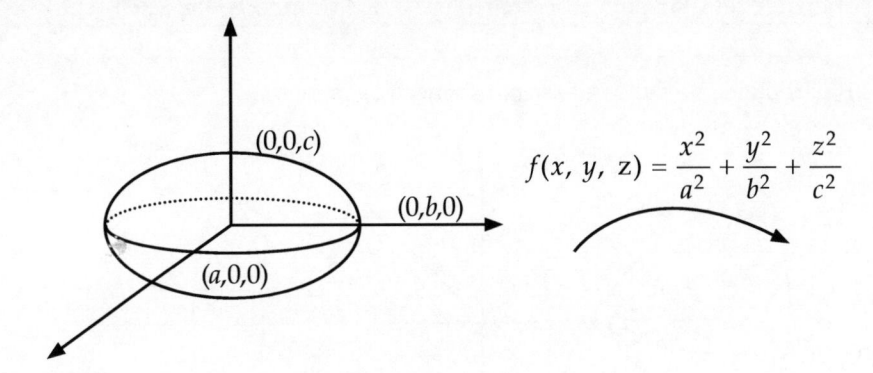

$$f(x, y, z) = \frac{x^2}{a^2} + \frac{y^2}{b^2} + \frac{z^2}{c^2}$$

3. O hiperboloide de uma folha dado pela equação

$$\frac{x^2}{a^2} + \frac{y^2}{b^2} - \frac{z^2}{c^2} = 1$$

é uma superfície regular através do valor regular $c = 1$ da função

$$f(x, y, z) = \frac{x^2}{a^2} + \frac{y^2}{b^2} - \frac{z^2}{c^2}.$$

Figura 2.9 – Hiperboloide de uma folha como superfície de nível

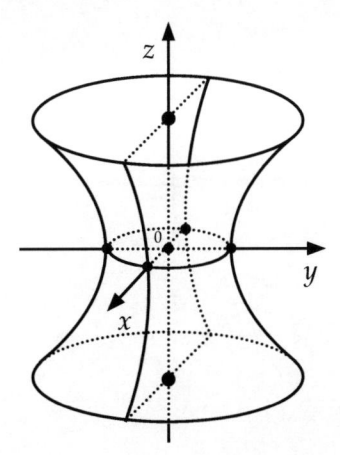

4. O hiperboloide de duas folhas dado pela equação

$$\frac{z^2}{c^2} - \frac{x^2}{a^2} - \frac{y^2}{b^2} = 1$$

é uma superfície regular pelo valor regular $c = 1$ da função $f(x, y, z) = \frac{z^2}{c^2} - \frac{x^2}{a^2} - \frac{y^2}{b^2}$.

Figura 2.10 – Hiperboloide de duas folhas como superfície de nível

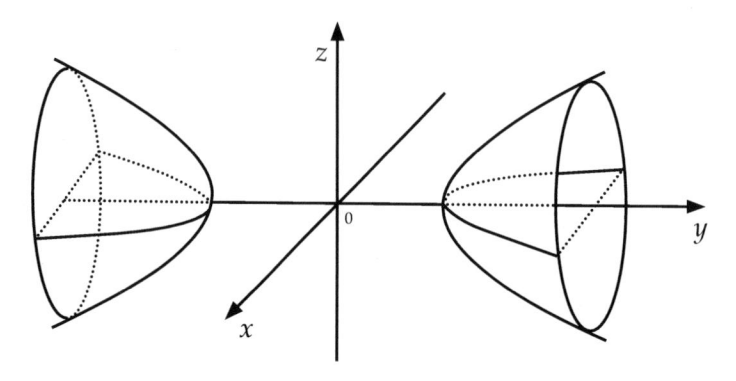

5. O paraboloide dado pela equação

$z = x^2 + y^2$

também é uma superfície regular, e isso pode ser visto pelo fato de que $c = 0$ é um valor regular para a função $f(x, y, z) = x^2 + y^2 - z$, uma vez que

$df_p = (2x, 2y, 1)$.

Figura 2.11 – Paraboloide de duas folhas como superfície de nível

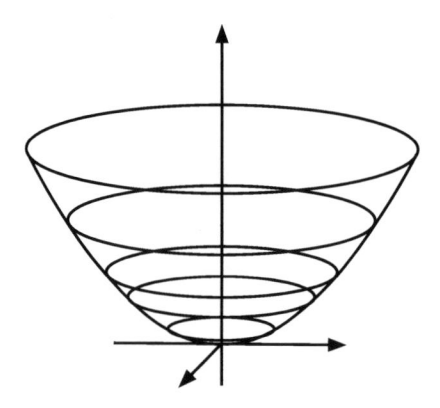

2.3 Reparametrização, mudança de coordenadas e funções diferenciáveis

Sabendo identificar superfícies, vamos desenvolver o cálculo delas. Porém, precisamos resolver algumas questões técnicas antes.

Por exemplo, duas superfícies parametrizadas podem ter o mesmo traço, como é o caso das superfícies

$$\varphi(x, y) = (\cos(x), \operatorname{sen}(x), y) \text{ e } \psi(u, v) = (u, \sqrt{1 - u^2}, v),$$

para $(x, y) \in (0, \pi) \times \mathbb{R}$ e $(u, v) \in (-1, 1) \times \mathbb{R}$ ambas têm como traço um subconjunto de um cilindro circular. Esperamos poder identificar uma superfície como reparametrização da outra.

Figura 2.12 – Superfícies parametrizadas com mesmo traço

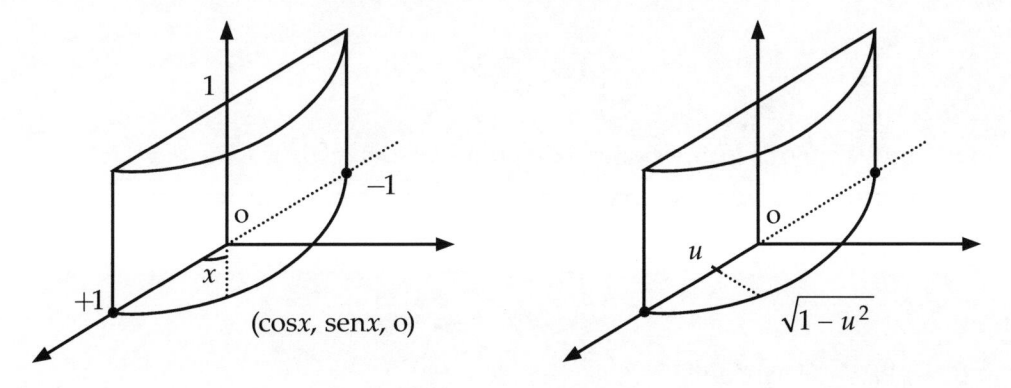

Proposição 2.5

Seja $\phi \colon U \subset \mathbb{R}^2 \to \mathbb{R}^3$ uma superfície parametrizada regular. Se $h \colon \tilde{U} \subset \mathbb{R}^2 \to U$ é uma função diferenciável tal que:

I. a jacobiana de h não se anula e
II. $h(\tilde{U}) = U$,

então $\phi \circ h$ é uma superfície parametrizada cujo traço coincide com o traço de ϕ.

Demonstração

Vamos verificar que a função $\psi \doteq \phi \circ h$ é uma superfície parametrizada. De fato, temos que

I. ψ é diferenciável: ϕ e h são diferenciáveis, então $\psi = \phi \circ h$ é uma função diferenciável;
II. ψ é injetora: escrevendo ϕ e h em coordenadas

$$\varphi(u, v) = \big(x(u, v), y(u, v), z(u, v)\big) \text{ e } h(\tilde{u}, \tilde{v}) = \big(u(\tilde{u}, \tilde{v}), v(\tilde{u}, \tilde{v})\big),$$

segue pela regra da cadeia que

$$\frac{\partial \psi}{\partial \tilde{u}} = \frac{\partial \varphi}{\partial u}\frac{\partial u}{\partial \tilde{u}} + \frac{\partial \varphi}{\partial v}\frac{\partial v}{\partial \tilde{u}} \text{ e } \frac{\partial \psi}{\partial \tilde{u}} = \frac{\partial \varphi}{\partial u}\frac{\partial u}{\partial \tilde{u}} + \frac{\partial \varphi}{\partial v}\frac{\partial v}{\partial \tilde{u}}.$$

Calculando $\frac{\partial \psi}{\partial \tilde{u}} \times \frac{\partial \psi}{\partial \tilde{v}}$ e $\frac{\partial \varphi}{\partial \tilde{u}} \times \frac{\partial \varphi}{\partial \tilde{v}}$, temos

$$\frac{\partial \psi}{\partial \tilde{u}} \times \frac{\partial \psi}{\partial \tilde{v}} = \frac{\partial \varphi}{\partial \tilde{u}} \times \frac{\partial \varphi}{\partial \tilde{v}}.$$

Como ϕ é uma superfície parametrizada, então

$$\frac{\partial \varphi}{\partial u} \times \frac{\partial \varphi}{\partial v} \neq 0.$$

Portanto, ψ é injetiva. ∎

Definição 2.4

Nas condições da proposição anterior, ψ é dita uma reparametrização de ϕ por h.

Vejamos, na sequência, um exemplo de duas superfícies parametrizadas, em que uma é a reparametrização da outra.

Exemplo 2.3

Considere as superfícies parametrizadas

$$\psi(\tilde{u}, \tilde{v}) = (\tilde{u}, \tilde{v}, \tilde{u}^2, -\tilde{v}^2), (\tilde{u}, \tilde{v}) \in \mathbb{R}^2$$

e

$$\varphi(u, v) = (u + v, u - v, 4uv), (u, v) \in \mathbb{R}^2$$

Note que $\psi = \phi \circ h$, em que

$$h(u, v) = \frac{1}{2}(\tilde{u}, \tilde{v}, \tilde{u}, -\tilde{v})$$

Na seção anterior, vimos que gráficos de funções diferenciáveis são superfícies parametrizadas. Localmente, temos a recíproca desse resultado.

Proposição 2.6

Seja $\varphi: U \subset \mathbb{R}^2 \to \mathbb{R}^3$ uma superfície parametrizada. Para cada $(u_0, v_0) \in U$, existe uma vizinhança $V \subset U$ contendo (u_0, v_0) e $h: \tilde{U} \to V$ tal que $\phi \circ h$ é gráfico de uma função diferenciável.

Demonstração

Suponhamos $\phi(u, v) = (x(u, v), y(u, v), z(u, v))$ uma superfície parametrizada. Então, $d\varphi_{(u_0, v_0)}$ tem posto 2 e podemos supor que sua matriz $\frac{\partial(x, y)}{\partial(u, v)}$ tem determinante não nulo. Vamos definir $f: U \subset \mathbb{R}^2 \to \mathbb{R}^2$ com $f(u, v) = (x(u, v), y(u, v))$. Pelo teorema da função inversa, existe uma vizinhança V de (u_0, v_0) em U e uma vizinhança W de $f(u_0, v_0)$ tal que $f: V \to W$ é invertível e f^{-1} é diferenciável.

Definindo $\tilde{U} \doteq f(V)$ e $h = f^{-1}: U \to V$, notamos que

$$\varphi \circ h(\tilde{u}, \tilde{v}) = \left(x \circ h(\tilde{u}, \tilde{v}), y \circ h(\tilde{u}, \tilde{v}), z \circ h(\tilde{u}, \tilde{v})\right)$$
$$= \left(f \circ h(\tilde{u}, \tilde{v}), z \circ h(\tilde{u}, \tilde{v})\right)$$
$$= \left(\tilde{u}, \tilde{v}, z \circ h(\tilde{u}, \tilde{v})\right).$$

Portanto, $Im(\phi \circ h)$ é o gráfico de $z \circ h$. ∎

A seguir, veremos como utilizar essa nova ferramenta para mostrar de outro modo que a esfera é localmente o gráfico de uma superfície.

Exemplo 2.4

Considere a esfera $\mathbb{S}^2$ e $p = (x, y, z)$ um ponto dessa esfera com $z > 0$. O conjunto $\mathbb{S}^2 \cap \{z > 0\}$ é uma vizinhança de p em S, que pode ser identificada ao gráfico da função $g(u, v) = \left(u, v, \sqrt{1 - (u^2 + v^2)}\right)$, cujo domínio é o conjunto $\{(u, v) \in \mathbb{R}^2: u^2 + v^2 < 1\}$.

Figura 2.13 – Calota superior da esfera

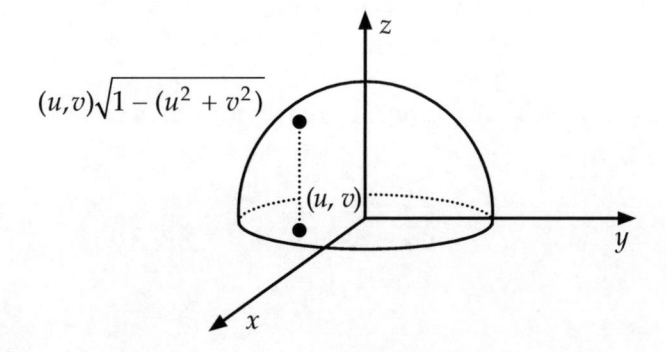

Suponhamos por um instante que S é uma superfície parametrizada por duas funções ϕ e ψ e $p \in S$ é tal que $p \in Im(\varphi) \cap Im(\psi)$. Como nossa intenção é fazer cálculo em S, precisamos verificar que podemos transitar de uma parametrização para outra de forma diferenciável. O próximo teorema lida com essa questão.

Figura 2.14 – Parametrizações distintas de uma superfície

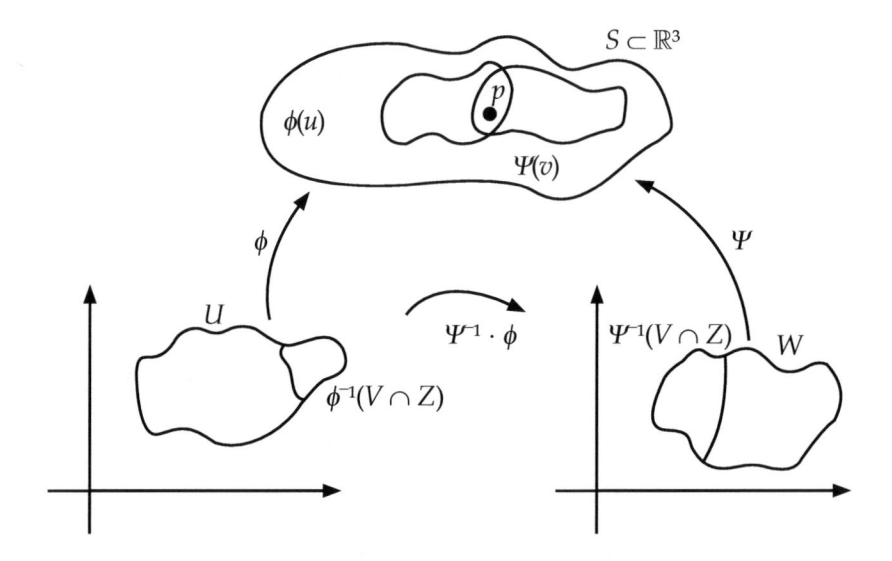

Proposição 2.7

Seja $S \subset \mathbb{R}^3$ uma superfície parametrizada por $\phi: U \to V$ e $\Psi: W \to Z$ e $p \in S$ tal que $p \in \phi(U) \cap \Psi(W)$. Então, a aplicação

$$\psi^{-1} \circ \varphi: \varphi^{-1}(V \cap Z) \to \psi^{-1}(V \cap Z)$$

é um difeomorfismo de classe C^k isto é, $\psi^{-1} \circ \varphi$ é uma bijeção contínua diferenciável de classe C^k, cuja inversa é uma aplicação diferenciável também de classe C^k.

Demonstração

Seja p como no enunciado e $\psi(u, v) = \big(x(u, v), y(u, v), z(u, v)\big)$. Consideremos $r \in \varphi^{-1}(V \cap Z)$ e $q = \psi^{-1} \circ \varphi(r)$ para definir

$$\tilde{\psi}: V \times \mathbb{R} \to \mathbb{R}^3 \; por \; \tilde{\psi}: (u, v, t) = \big(x(u, v), y(u, v), t + z(u, v)\big).$$

Note que $\tilde{\psi}$ é uma extensão de ψ e que $\tilde{\psi}$ é diferenciável com diferenciável dada por

$$d\tilde{\psi}_q = \begin{bmatrix} \dfrac{\partial x}{\partial u} & \dfrac{\partial x}{\partial v} & 0 \\ \dfrac{\partial y}{\partial u} & \dfrac{\partial y}{\partial v} & 0 \\ 0 & 0 & 1 \end{bmatrix},$$

logo,

$$\det d\tilde{\psi} = \frac{\partial \psi(x, y)}{\partial (u, v)}(q) \neq 0.$$

Pelo teorema da função inversa, existem abertos $U' \subset U$ e $V' \subset V$ tais que $\Psi: U' \to V'$ é invertível e $\tilde{\psi}^{-1}$ é difeomorfismo de classe C^k.

Como ϕ é contínua, existe uma vizinhança U'' de r em U, tal que $\phi(U'') \subset V'$. Note que, restrito a U'', temos que

$$\psi^{-1} \circ \varphi \mid_{U''} = \tilde{\psi}^{-1} \circ \varphi \mid_{U''}$$

é diferenciável, pois é composição de funções diferenciáveis. Pela regra da cadeia, $\psi^{-1} \circ \varphi$ é diferenciável em r de classe C^k. Portanto, como a escolha r de foi arbitrária, vemos que $\psi^{-1} \circ \varphi$ é diferenciável em $\varphi^{-1}(V \cap Z)$. Analogamente, provamos que $\psi^{-1} \circ \varphi^{-1}$ é diferenciável. ∎

A aplicação $\psi^{-1} \circ \varphi$ no resultado anterior é chamada de *mudança de parâmetro*. O próximo conceito a ser estudado é a diferenciabilidade de funções em superfícies. Mas o que as mudanças de parâmetros têm a ver com isso? Vamos associar a diferenciabilidade de uma função definida em uma superfície utilizando determinada parametrização local para essa superfície e, pelos parâmetros da superfície, analisar a diferenciabilidade da função associada. Entretanto, queremos que a definição de diferenciabilidade não dependa da parametrização escolhida. Nesse sentido, as mudanças de parâmetro serão importantes.

Definição 2.5
Suponhamos que $S \subset \mathbb{R}^3$ seja uma superfície regular. A função $f: S \to \mathbb{R}$ é dita diferenciável de classe C^k em $p \in S$ se, para alguma parametrização $\varphi: U \subset \mathbb{R}^2 \to V \subset S$ ao redor de p, a composição

$$f \circ \varphi: U \subset \mathbb{R}^2 \to \mathbb{R}$$

é diferenciável de classe C^k em $\varphi^{-1}(p)$. Dizemos que f é diferenciável em U se vale a diferenciabilidade em cada ponto de U.

Figura 2.15 – Aplicação diferenciável

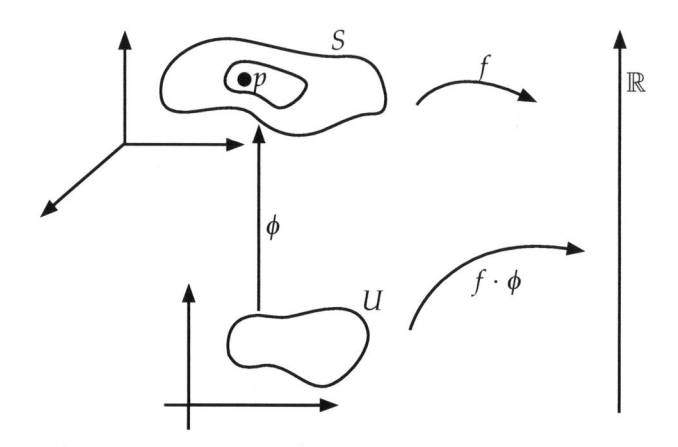

Uma dúvida pertinente é se a diferenciabilidade f está bem definida. Observe que o teorema anterior garante justamente isso, pois nos mostra que a diferenciabilidade de uma função f independe da parametrização.

Exemplo 2.5

1. Se S é a esfera, então, as projeções nas coordenadas cartesianas são funções diferenciáveis de classe C^∞.
2. O paraboloide de equação $z = x^2 + y^2$ é uma superfície regular, em que a parametrização $\phi(u, v) = (x, y, x^2 + y^2)$ é tal que, para qualquer função diferenciável $g: \mathbb{R}^2 \to \mathbb{R}$, a função $f = g \circ \varphi^{-1}: S \to \mathbb{R}$ é diferenciável. Observe, aqui, que estamos usando a diferenciabilidade como propriedade local.

É notável que a definição de diferenciabilidade transfere o problema de diferenciabilidade para uma aplicação de $\mathbb{R}^2$ para $\mathbb{R}$. Generalizando essa ideia, podemos estender a definição de diferenciabilidade para uma função entre superfícies. Tenhamos em mente que queremos desenvolver cálculo diferencial para superfícies.

Definição 2.6

Dadas duas superfícies regulares S e P, uma aplicação $F: S \to P$ é diferenciável e de classe C^k em $p \in S$ se, para alguma parametrização $\varphi: U \subset \mathbb{R} \to V \subset S$ ao redor de p, existe uma parametrização $\psi: W \subset \mathbb{R}^2 \to Z \subset P$ ao redor de $F(p)$ tal que

$$\psi^{-1} \circ F \circ \varphi: U \subset \mathbb{R}^2 \to W \subset \mathbb{R}^2$$

seja diferenciável de classe C^k em $\varphi^{-1}(p)$.

Novamente, a mudança de parametrização garante que a diferenciabilidade de F não depende da parametrização, ou seja, nossa definição de função diferenciável entre superfícies está correta.

Figura 2.16 – Aplicação diferenciável entre superfícies

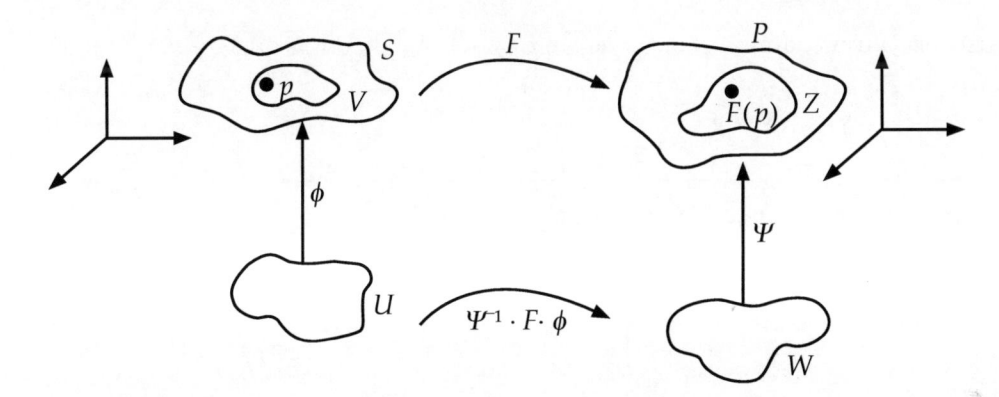

Definição 2.7

Uma aplicação diferenciável entre superfícies regulares $F: S \to P$ é um difeomorfismo se é F^{-1} diferenciável de classe C^k.

Observação 2.2

Seja $\varphi: U \subset \mathbb{R}^2 \to S$ uma parametrização. Por hipótese, ϕ é diferenciável. Ainda, note que $\varphi^{-1}: \varphi(U) \to \mathbb{R}^2$ é diferenciável, pois, dada outra parametrização $\psi: W \subset \mathbb{R} \to S$ com um ponto em comum entre elas, a aplicação

$$\varphi^{-1} \circ \psi: \psi^{-1}(U \cap W) \to \varphi^{-1}(U \subset W)$$

é diferenciável.

Então, ϕ, que, na definição, é um homeomorfismo, é, na verdade, um difeomorfismo. Dessa forma, as superfícies regulares podem ser definidas como subconjuntos de $\mathbb{R}^3$ localmente difeomorfos a $\mathbb{R}^2$. Esse é o começo da ideia de variedades diferenciáveis.

2.4 Plano tangente e a diferencial

No estudo de curvas feito no Capítulo 1, vimos que a primeira derivada de uma curva indica o vetor tangente à curva naquele ponto. Agora, queremos estender um conceito para superfícies. O raciocínio será o mesmo, isto é, vetores tangentes a pontos em uma superfície serão definidos por curvas e definiremos o conjunto de tais vetores no plano tangente. Vejamos como fazer isso.

Primeiro, precisamos restringir as curvas a serem utilizadas para o ambiente mais próprio possível, que, em nosso caso, é a superfície na qual queremos desenvolver cálculo.

Definição 2.8

I. Seja S uma superfície regular. Uma curva S em é uma curva $\alpha: I \to \mathbb{R}^3$ tal que $\alpha(I) \subset S$.

II. Um vetor $V \in \mathbb{R}^3$ é um vetor tangente à superfície S no ponto $p \in S$ se existe uma curva α em S com

$\alpha(t_0) = p$ e $\alpha'(t_0) = V$.

Caso ϕ seja uma parametrização de S e $p = \phi(u_0, v_0)$, dizemos que V é vetor tangente a (u_0, v_0) se

$\alpha(t_0) = \phi(u_0, v_0)$ e $\alpha'(t_0) = V$.

Figura 2.17 – Vetores tangentes em superfícies

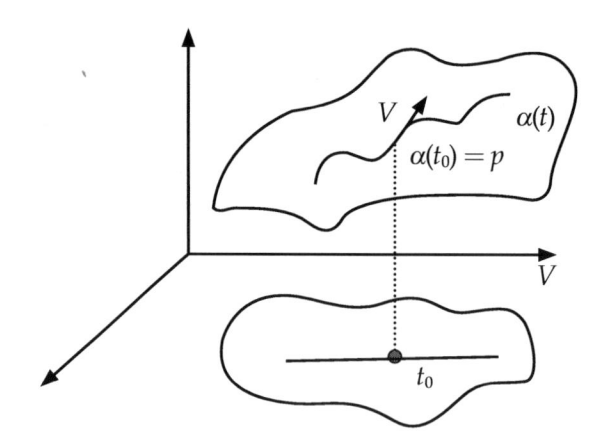

Observação 2.3

Podemos supor que $\alpha: (-\varepsilon, \varepsilon) \to \mathbb{R}^3$ para $\varepsilon > 0$ suficientemente pequeno e utilizar $t_0 = 0$ via definição anterior.

Portanto, estamos prontos para definir o que é o plano tangente de uma superfície, uma vez que já conhecemos quais são seus vetores tangentes de curvas.

Definição 2.9

Suponhamos S uma superfície regular e $p \in S$. O conjunto

$$T_pS = \{\alpha'(0): \alpha \text{ curva em } S \text{ com } \alpha(0) = p\}$$

é chamado de *plano tangente* a S em p. Caso ϕ seja uma parametrização de S e $p = \phi(u_0, v_0)$, definimos

$$T_pS = T_{(u_0, v_0)}\varphi \text{ ou } T_pS = T_{\varphi(u_0, v_0)}S.$$

Desse modo, temos o resultado a seguir, que caracteriza o espaço tangente a uma superfície parametrizada.

Proposição 2.8

Seja $\phi: U \subset \mathbb{R}^2 \to S$ uma superfície parametrizada e $p \in S$ com $p = \phi(q)$.

a) $T_pS = Im(d\phi_q)$

b) $T_pS = span\left\{\frac{\partial \varphi}{\partial u}(q), \frac{\partial \varphi}{\partial v}(q)\right\}$ isto é,

T_pS é o subespaço vetorial de $\mathbb{R}^3$ gerado pelos vetores $\frac{\partial \varphi}{\partial u}(q)$ e $\frac{\partial \varphi}{\partial v}(q)$.

Demonstração

a) Seja $V \in T_p(S)$. Então, existe $\alpha: (-\varepsilon, \varepsilon) \to \phi(U) \subset S$ com $\alpha'(0) = V$ e $\alpha(0) = \phi(q)$.

Vamos definir a curva $\gamma: \phi(-1) \circ \alpha: (-\varepsilon, \varepsilon) \to U$. Como ϕ é um difeomorfismo e γ é diferenciável, temos

$$\varphi \circ \gamma = \alpha \Rightarrow (\varphi \circ \gamma)'(0) = \alpha'(0) = V$$

Dessa forma, $V = d\varphi_{\gamma(0)} = d\varphi_q$. Por outro lado, seja $V \in Im(d\phi_q)$ com $W = d\phi_q(V)$ dado $\gamma: (-\varepsilon, \varepsilon) \to U$ com $\gamma(t) = q + tV$. Logo, $\gamma'(0) = V$ e $\gamma(0) = q$. Se definirmos $\alpha = \phi \circ \gamma$, temos

$$\alpha'(0) = (\varphi \circ \gamma)'(0) = d\varphi_{\gamma(0)}\gamma'(0) = d\varphi_q(V) = W.$$

Portanto, $T_pS = Im(d\phi_q)$.

b) Se $W \in T_pS$, então existe uma curva α dada pela composição $\alpha = \phi \circ \gamma$ em que $\gamma: (-\varepsilon, \varepsilon) \to U$ e $\gamma(t) = \bigl(u(t), v(t)\bigr)$. Daí segue que

$$W = \alpha'(0)$$
$$= \frac{d}{dt}(\varphi \circ \gamma)(0)$$
$$= \frac{d\varphi}{dt}(u(t), v(t))(0)$$
$$= \frac{\partial \varphi}{\partial u}(u(0), v(0)) \cdot u'(0) + \frac{\partial \varphi}{\partial v}(u(0), v(0)) \cdot v'(0)$$
$$= \frac{\partial \varphi}{\partial u}(q) \cdot u'(0) + \frac{\partial \varphi}{\partial v}(q) \cdot v'(0).$$

Isto é, $W \in \text{span}\left\{\frac{\partial \varphi}{\partial u}(q), \frac{\partial \varphi}{\partial v}(q)\right\}$. Por outro lado, se
$$W = a\frac{\partial \varphi}{\partial u}(q) + b\frac{(\partial \varphi)}{\partial v}(q),$$

definimos $\alpha(t) = \phi(u_0 + at, v_0 + bt)$ e temos que
$$\alpha'(0) = \frac{d}{dt}\left(\varphi(u_0 + at, v_0 + bt)\right)(0)$$
$$= \frac{\partial \varphi}{\partial u}(q) \cdot a + \frac{\partial \varphi}{\partial v}(q) \cdot b$$
$$= W.$$

Portanto, $W \in T_pS$.

∙∙∙∎

O que essa proposição mostra é que o plano tangente em uma superfície S é gerado pela parametrização dessa superfície. Além disso, o plano tangente é um subespaço vetorial afim de $\mathbb{R}^3$ de dimensão 2.

Observe, ainda, que podemos pensar em vetores tangentes como derivadas em uma curva ou como uma derivação.

Estamos, pouco a pouco, generalizando as ideias desenvolvidas no cálculo diferencial de $\mathbb{R}^n$ para superfícies. As definições do plano tangente podem, a princípio, soar estranhas, mas são básicas para o que segue no capítulo.

Uma derivada direcional de $f\colon U \subset \mathbb{R}^m \to \mathbb{R}^n$ em p na direção $v \in \mathbb{R}^n$ é definida pelo limite

$$df_p(v) = \lim_{t \to 0} \frac{f(p + tv) - f(p)}{t},$$

quando esse limite existir. Observe que, para efetuar esse quociente, precisamos saber como subtrair vetores, ou seja, é necessária uma estrutura de espaço vetorial. Mas a derivada é local, então, precisamos dessa estrutura apenas em uma vizinhança de $f(p)$, pois o que importa é quando t é muito próximo de zero.

Nesse ponto, o plano tangente com sua estrutura de espaço vetorial nos é útil por ser a melhor aproximação linear local para a superfície.

Lembramos, ainda, que, se $p \in \mathbb{R}^m$ e $\alpha: I \to \mathbb{R}^m$, é uma curva tal que

$$\alpha(0) = p \text{ e } \alpha'(0) = v,$$

então

$$df_p(v) = (f \circ \alpha)'(0).$$

Usaremos essa mesma ideia para calcular derivadas de funções diferenciáveis em superfícies.

Definição 2.10

Sejam S e P superfícies regulares e $F: S \to P$ uma aplicação diferenciável. Dado $p \in S$, definimos o diferencial de F em p como a aplicação

$$dF_p: T_pS \to T_{F(p)}P.$$

A ação dessa aplicação em vetores é dada da seguinte forma: para cada $v \in T_pS$ e cada curva $\alpha: (-\varepsilon, \varepsilon) \to S$ com $\alpha(0) = p$ e $\alpha'(0) = v$, então

$$dF_p(v) = (F \circ \alpha)'(0).$$

Figura 2.18 – Espaços tangentes

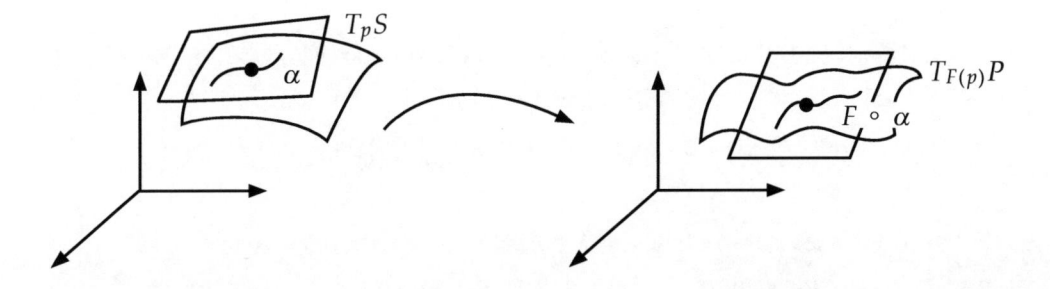

Observação 2.4

1. A definição anterior precisa ser verificada, isto é, devemos mostrar que independe da escolha da curva α e é linear. De fato, sejam $\varphi: U \subset \mathbb{R}^2 \to S$ e $\psi: V \subset \mathbb{R}^2 \to P$ parametrizações. Escrevamos ϕ e ψ em coordenadas por

   $\varphi(u, v) = (x(u, v), y(u, v))$ e $\psi(\overline{u}, \overline{v}) = (\overline{x}(\overline{u}, \overline{v}), \overline{y}(\overline{u}, \overline{v}))$.

   Considere $V \in T_pS$, α a curva cuja velocidade em 0 seja v e a posição neste instante p. Também escrevamos α em coordenadas:
   $\alpha(t) = (u(t), v(t))$.
   Logo, temos
   $(F \circ \alpha)(t) = (x(u(t), v(t)), y(u(t), v(t)))$

   e segue que

   $$(F \circ \alpha)'(0) = \left(\frac{\partial x}{\partial u} u'(0) + \frac{\partial x}{\partial v} v'(0), \frac{\partial y}{\partial u} x'(0), \frac{\partial y}{\partial v} v'(0) \right).$$

   Observe que essa relação descreve a diferencial e independe da curva α. Mais do que isso, vemos a representação em coordenadas das bases de T_pS e $T_{F(p)}P$, isto é,

   $$d\varphi_p(V) = \begin{bmatrix} \dfrac{\partial x}{\partial u} & \dfrac{\partial x}{\partial v} \\ \dfrac{\partial y}{\partial u} & \dfrac{\partial y}{\partial v} \end{bmatrix} \begin{bmatrix} u'(0) \\ v'(0) \end{bmatrix}.$$

   Portanto, o diferencial é linear e independe da curva.

2. Dadas as superfícies regulares S, P e Q e as aplicações diferenciáveis $F: S \to P$ e $G: P \to Q$, a aplicação $G \circ F$ é diferenciável e, para cada $p \in S$,
   $d(G \circ F)_p = dG_{F(p)} \circ dF_p$.

   De fato, a diferenciabilidade segue da regra da cadeia usual. Agora, seja $v \in T_pS$ e α uma curva em S tal que $\alpha(0) = p$ e $\alpha'(0) = v$. Então, se $dF_p(V) = W$, temos

   $d(G \circ F)_p(V) = (G \circ F \circ \alpha)'(0) = dG_{F(p)}(W) = dG_{F(p)} dF_p(V)$.

3. Dadas as superfícies parametrizadas S e P e $F: S \to P$ diferenciável, se dF_p é um isomorfismo para $p \in S$, então, F é um difeomorfismo local.

De fato, dadas as parametrizações $\varphi\colon U \subset \mathbb{R}^2 \to V \subset S$ e $\psi\colon Z \subset \mathbb{R}^2 \to W \subset P$ com $\phi(U) \subset Z$, definimos

$$\widehat{F} \doteq \psi^{-1} \circ F \circ \varphi : U \subset \mathbb{R}^2 \to Z \subset \mathbb{R}^2.$$

Seja $p \in S$ e $q \in \mathbb{R}^2$ tal que $\phi(q) = p$. Pela regra da cadeia,

$$d\widehat{F}_q = d\left(\psi^{-1} \circ F \circ \varphi\right)_q = d\psi^{-1}_{F(p)} \circ dF_p \circ d\varphi_q.$$

Note que $d\varphi_q \colon \mathbb{R}^2 \to T_qS$. Como $d\phi_q$ tem posto 2 e T_qS tem dimensão 2, $d\phi_q$ é um isomorfismo. Também $d\psi^{-1}\colon T_{F(p)}P \to \mathbb{R}^2$ é um isomorfismo, pois é a inversa de $d\psi_{\widehat{F}(q)}$. Portanto, $d\widehat{F}_q$ é composição de isomorfismos.

Concluímos, do teorema da função inversa para $\mathbb{R}^2$, que F é localmente um difeomorfismo.

2.5 Vetor normal e orientação

Suponha $p \in S$ uma superfície regular. Em uma vizinhança muito pequena de p, seu plano tangente nos permite trabalhar com todas as ferramentas de um espaço vetorial. Vimos que, se ϕ é uma parametrização de S, então T_pS é gerada por $\left\{\frac{\partial \varphi}{\partial u}, \frac{\partial \varphi}{\partial v}\right\}$. Em geral, esses vetores não são ortogonais nem unitários, mas existe um vetor ortogonal a ambos. Para encontrar esse vetor ortogonal, basta calcularmos o produto vetorial

$$\frac{\partial \varphi}{\partial u} \times \frac{\partial \varphi}{\partial v}(p) \text{ ou } -\frac{\partial \varphi}{\partial u} \times \frac{\partial \varphi}{\partial v}(p).$$

Essa discussão motiva a Definição 2.11, a seguir.

Definição 2.11

Seja S uma superfície regular. Um vetor normal unitário a p em S é um vetor $N \in \mathbb{R}^3$ tal que $\langle N, V \rangle = 0$ para cada $V \in T_pS$ e $|N| = 1$.

Caso ϕ seja uma parametrização de S, o vetor unitário normal a p será o vetor

$$N(u,v) = \frac{\dfrac{\partial \varphi}{\partial u} \times \dfrac{\partial \varphi}{\partial v}}{\left|\dfrac{\partial \varphi}{\partial u} \times \dfrac{\partial \varphi}{\partial v}\right|}(u,v).$$

Exemplo 2.6

Por exemplo, se C é o cone de equação $z^2 = x^2 + y^2$, $z > 0$ e sendo sua parametrização dada por $\varphi(u, v) = \left(u, v, \sqrt{u^2 + v^2}\right)$, temos que

$$\frac{\partial \varphi(u, v)}{\partial u} = \left(1, 0, \frac{u}{\sqrt{u^2 + v^2}}\right) \text{ e } \frac{\partial \varphi(u, v)}{\partial v} = \left(0, 1, \frac{v}{\sqrt{u^2 + v^2}}\right).$$

Do que resulta:

$$\frac{\partial \varphi}{\partial u} \times \frac{\partial \varphi}{\partial v} = \left(\frac{-u}{\sqrt{u^2 + v^2}}, \frac{-v}{\sqrt{u^2 + v^2}}, 1\right),$$

de forma que

$$N(u, v) = \frac{\dfrac{\partial \varphi}{\partial u} \times \dfrac{\partial \varphi}{\partial v}}{\left|\dfrac{\partial \varphi}{\partial u} \times \dfrac{\partial \varphi}{\partial v}\right|}(u, v) = \frac{u^2 + v^2}{u^2 + v^2 + 1}\left(\frac{-u}{\sqrt{u^2 + v^2}}, \frac{-v}{\sqrt{u^2 + v^2}}, 1\right).$$

Observação 2.5

Em nossa motivação, no parágrafo anterior, chamamos a atenção para o fato de existirem dois vetores normais que se diferem pelo sinal.

Claramente, constatamos que a definição de vetor normal depende da parametrização e, mais ainda, se $\bar{\varphi} = \varphi \circ h$ é uma reparametrização de ϕ, então, o plano tangente não se altera, mas podemos ter

$$N = \pm \bar{N} \circ h,$$

em que $\bar{N}$ é o vetor normal unitário da reparametrização.

Por exemplo, seja $\varphi \colon U \subset \mathbb{R}^2 \to S$. Definindo $\bar{U} = \{(u, v) \in \mathbb{R}^2 \colon (u, -v) \in U\}$ e a aplicação $\varphi(u, v) = \varphi(u, -v)$, resulta que $\bar{N} = -N$.

Definição 2.12

Um campo vetorial normal em um conjunto aberto U de uma superfície regular S é uma aplicação diferenciável $X \colon U \to \mathbb{R}^3$ que associa a cada $q \in U$ um vetor normal unitário $N(q) \in \mathbb{R}^3$ a S em q.

Observe que, se $\phi \colon U \subset \mathbb{R}^3 \to V \subset S$ é uma parametrização de S – uma superfície regular –, o campo vetorial normal em V é definido pela relação

$$N = \frac{\dfrac{\partial \varphi}{\partial u} \times \dfrac{\partial \varphi}{\partial v}}{\left|\dfrac{\partial \varphi}{\partial u} \times \dfrac{\partial \varphi}{\partial v}\right|}.$$

Esse campo varia de forma contínua em uma vizinhança coordenada. A questão que vamos analisar agora é a existência global desse campo na superfície.

Observação 2.6
1. S é dita *orientável* se existe uma orientação.
2. (S, X) é dita uma *superfície orientada*, em que X é o campo que associa cada ponto ao seu vetor normal.
3. Se ϕ é uma parametrização de S, é compatível com a orientação se

$$X = \frac{\dfrac{\partial \varphi}{\partial u} \times \dfrac{\partial \varphi}{\partial v}}{\left|\dfrac{\partial \varphi}{\partial u} \times \dfrac{\partial \varphi}{\partial v}\right|}.$$

Exemplo 2.7
1. Plano: seja $S \subset \mathbb{R}^3$ o plano gerado pelos vetores $x, y \in \mathbb{R}^3$, podemos descrever uma única carta para S dada por

   $\phi: \mathbb{R}^2 \to S$ com $\phi(u, v) = xu + yv$.

   Note que, para $p \in S$ qualquer, temos

   $$T_p S = \text{span}\left\{\frac{\partial \varphi}{\partial u}, \frac{\partial \varphi}{\partial v}\right\} \simeq \text{span}\{x, y\} = S.$$

   Naturalmente, temos que a expressão

   $$N(p) = \frac{x \times y}{|x \times y|}$$

   define um campo vetorial normal unitário em S.

2. Curva de nível: seja $c \in \mathbb{R}$ um valor regular de $f: \mathbb{R}^3 \to \mathbb{R}$. Vimos que $S \doteq f^{-1}(c)$ é uma superfície regular. Note que, para $p \in S$ qualquer e

   $$\nabla f(p) = \left(\frac{\partial f}{\partial x}(p), \frac{\partial f}{\partial y}(p), \frac{\partial f}{\partial z}(p)\right) \neq 0,$$

   pois S é a imagem inversa do valor regular c. Dessa forma, $\nabla f(p)$ é um campo vetorial em S que não se anula.

   Vamos verificar que o campo vetorial é normal. Seja $v \in T_p S$ e α uma curva tal que $\alpha(0) = p$ e $\alpha'(0) = v$, então

$$c = (f \circ \gamma)(0) \Rightarrow 0 = (f \circ \gamma)'(0) = df_p(v) = \langle v, \nabla f(p) \rangle.$$

Portanto, $\dfrac{\nabla f(p)}{|\nabla f(p)|}$ define um campo vetorial normal unitário.

3. Esfera $\mathbb{S}^2$: $\mathbb{S}^2$ pode ser vista como curva de nível da função
$f(x, y, z) = x^2 + y^2 + z^2$
Pelo exemplo anterior, $\dfrac{\nabla f(p)}{|\nabla f(p)|}$ é um campo vetorial normal e unitário em $\mathbb{S}^2$. Desse modo, $\mathbb{S}^2$ é orientável. Nesse caso, temos

$$\frac{\nabla f(p)}{|\nabla f(p)|} = \frac{2p}{2} = p.$$

Figura 2.19 – Plano tangente à esfera

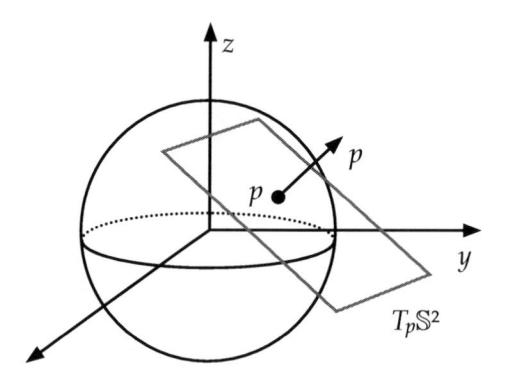

4. Gráficos: seja $f: U \subset \mathbb{R}^2 \to \mathbb{R}$ uma função diferenciável e U aberto, então $\phi(x, y) = (x, y, f(x, y))$ define um difeomorfismo entre U e $Graf(f)$. Assim, ϕ é uma carta global para $S = Graf(f)$ e

$$N(p) = \frac{\dfrac{\partial \varphi}{\partial x}(p) \times \dfrac{\partial \varphi}{\partial y}(p)}{\left|\dfrac{\partial \varphi}{\partial x}(p) \times \dfrac{\partial \varphi}{\partial y}(p)\right|}$$

para cada $p \in U$ define um campo global em U. Podemos, ainda, deduzir uma fórmula explícita. De fato, seja $p \in S$ com $p = (x, y, f(x, y))$, então $\dfrac{\partial \varphi}{\partial x}(p) = \left(1, 0, \dfrac{\partial f}{\partial x}\right)$ e $\dfrac{\partial \varphi}{\partial y}(p) = \left(1, 0, \dfrac{\partial \varphi}{\partial y}\right)$, do que segue:

$$\frac{\partial \varphi}{\partial x}(p) \times \frac{\partial \varphi}{\partial y}(p) = \left(-\frac{\partial f}{\partial x}, -\frac{\partial f}{\partial y}, 1\right)$$

Portanto,

$$N(p) = \frac{\left(-\dfrac{\partial f}{\partial x}, -\dfrac{\partial f}{\partial y}, 1\right)}{\left|\left(-\dfrac{\partial f}{\partial x}, -\dfrac{\partial f}{\partial y}, 1\right)\right|} = \frac{\left(-\dfrac{\partial f}{\partial x}, -\dfrac{\partial f}{\partial y}, 1\right)}{\sqrt{\left(\dfrac{\partial f}{\partial x}\right)^2 + \left(\dfrac{\partial f}{\partial y}\right)^2 + 1}}$$

Figura 2.20 – Campo normal em superfície

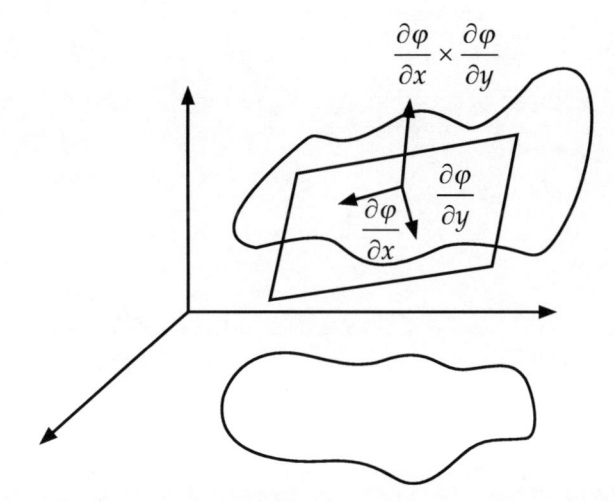

Antes de apresentarmos uma superfície regular não orientada, vejamos outra forma equivalente de definir orientações.

Intuitivamente, em uma vizinhança pequena de um ponto $p \in S$ localmente S se parece com T_pS. Para espaços vetoriais, sabemos como definir orientação em função de sua base. Dessa mesma forma, se essa noção de orientabilidade for possível e não mudar para interseção de quaisquer duas cartas, podemos definir a orientação para S.

O seguinte resultado tornará essa ideia mais precisa.

Proposição 2.9

Seja S uma superfície regular. São equivalentes:

a) S é orientável;
b) existe uma coleção de cartas para S tal que, se ϕ e ψ pertencem a essa coleção, temos $\det(\Psi^{-1} \circ \phi) > 0$.

Demonstração

(a) $\Rightarrow$ (b): Seja $X: S \to \mathbb{R}^3$ campo vetorial normal unitário. Considere uma família de cartas para S e tome $\phi: U \subset \mathbb{R}^2 \to S$ nessa família.

Definamos a função $f: U \to \mathbb{R}$ por

$$f(u, v) = \left\langle X(\varphi(u, v)), \frac{\frac{\partial \varphi}{\partial u} \times \frac{\partial \varphi}{\partial v}}{\left|\frac{\partial \varphi}{\partial u} \times \frac{\partial \varphi}{\partial v}\right|} \right\rangle = \pm 1.$$

Como f é contínua e U é conexo, por definição de carta, f deve ser constante. Podemos supor $f \equiv 1$ caso contrário, basta trocar as coordenadas. Procedendo dessa maneira para toda carta no atlas, concluímos que

$$X(u, v) = \frac{\frac{\partial \varphi}{\partial u} \times \frac{\partial \varphi}{\partial v}}{\left|\frac{\partial \varphi}{\partial u} \times \frac{\partial \varphi}{\partial v}\right|}.$$

Agora, ψ se é outra carta com $\psi(\bar{u}, \bar{v}) = \varphi(u,v)$, então, temos que

$$N(\psi(\bar{u}, \bar{v})) = N(\varphi(u,v))$$

e

$$\frac{\partial \psi}{\partial \bar{u}} \times \frac{\partial \psi}{\partial \bar{v}} = \frac{\partial(u, v)}{\partial(\bar{u},\bar{v})} \left(\frac{\partial \varphi}{\partial u} \times \frac{\partial \varphi}{\partial v}\right),$$

em que temos $\det \frac{\partial(u, v)}{\partial(\bar{u},\bar{v})} > 0$.

(b) $\Rightarrow$ (a): Sejam $p \in S$ e ϕ duas cartas ao redor de p com $\det d(\psi^{-1} \circ \varphi) > 0$, a mudança de coordenadas $\psi^{-1} \circ \varphi$ e

$$(\psi^{-1} \circ \varphi)(\bar{u},\bar{v}) = \big(u(\bar{u},\bar{v}), v(\bar{u},\bar{v})\big).$$

Então, pela regra da cadeia, temos

$$\frac{\partial \psi}{\partial \bar{u}} = \frac{\partial \varphi}{\partial u}\frac{\partial u}{\partial \bar{u}} + \frac{\partial \varphi}{\partial v}\frac{\partial v}{\partial \bar{u}} \text{ e } \frac{\partial \psi}{\partial \bar{v}} = \frac{\partial \varphi}{\partial u}\frac{\partial u}{\partial \bar{v}} + \frac{\partial \varphi}{\partial v}\frac{\partial v}{\partial \bar{v}},$$

e, logo, segue que

$$\frac{\partial \psi}{\partial \overline{u}} \times \frac{\partial \psi}{\partial \overline{v}} = \frac{\partial(u, v)}{\partial(\overline{u}, \overline{v})}\left(\frac{\partial \varphi}{\partial u} \times \frac{\partial \varphi}{\partial v}\right).$$

Por hipótese,

$$\frac{\partial(u, v)}{\partial(\overline{u}, \overline{v})} = \det d(\psi^{-1} \circ \varphi) > 0.$$

Isso implica

$$\frac{\dfrac{\partial \psi}{\partial \overline{u}} \times \dfrac{\partial \psi}{\partial \overline{v}}}{\left|\dfrac{\partial \psi}{\partial \overline{u}} \times \dfrac{\partial \psi}{\partial \overline{v}}\right|} = \frac{\dfrac{\partial \varphi}{\partial \overline{u}} \times \dfrac{\partial \varphi}{\partial \overline{v}}}{\left|\dfrac{\partial \varphi}{\partial \overline{u}} \times \dfrac{\partial \varphi}{\partial \overline{v}}\right|}.$$

Portanto, a função $X\colon S \to \mathbb{R}^3$ definida por

$$X(p) = X(\eta (u, v)) = \frac{\dfrac{\partial \eta}{\partial u} \times \dfrac{\partial \eta}{\partial v}}{\left|\dfrac{\partial \eta}{\partial u} \times \dfrac{\partial \eta}{\partial v}\right|},$$

em que η é uma carta ao redor de p, está bem definida. Escrevendo em coordenadas, vemos que X é diferenciável. Portanto, X é campo vetorial unitário em S. ∎

Além da invariância por parametrizações vista anteriormente, podemos pensar o que acontece quando variamos o campo sobre uma curva fechada na superfície, pois o campo poderia variar continuamente, a partir de um certo $\alpha(a)$, até o vetor oposto ao campo em determinado $\alpha(b) = \alpha(a)$. A próxima observação mostra que isso não pode ocorrer.

Observação 2.7

Seja S superfície regular orientável, $\alpha\colon [a, b] \to S$ uma curva regular com $\alpha(a) = \alpha(b)$ e $N\colon [a, b] \to \mathbb{R}^3$ um campo vetorial unitário ao longo de α. Então, $N(a) = N(b)$.

De fato, pela proposição anterior, se S é orientável, existe $X\colon S \to \mathbb{R}^3$ um campo vetorial unitário. Assim, em $T_{\alpha(t)}S$, os vetores $X(\alpha(t))$ e $N(t)$ são normais. Dessa forma,

$$\langle X(\alpha(t)), N(t)\rangle = \pm 1.$$

Mas, pela continuidade $\langle \cdot, \cdot \rangle$, de podemos ter apenas

$$\langle X(\alpha(t)), N(t)\rangle = 1 \text{ ou } \langle X(\alpha(t)), N(t)\rangle = -1.$$

Em ambos os casos, como $\alpha(a) = \alpha(b)$ e

$$\langle X(\alpha(a)), N(a)\rangle = \langle X(\alpha(b)), N(b)\rangle.$$

temos

$$X(\alpha(a)) = X(\alpha(b)) \text{ e } N(a) = N(b).$$

Exemplo 2.8

Seja M a faixa de Möbius, cuja parametrização é dada por

$$d(u, v) = \left(\left(R + v\cos\left(\frac{u}{2}\right)\right)\cos(u), \left(R + v\cos\left(\frac{u}{2}\right)\right)\operatorname{sen}(u), v\operatorname{sen}\left(\frac{u}{2}\right)\right).$$

Note que, no centro da faixa, existe um círculo. Assim, podemos definir a curva fechada

$$\alpha(t) = R(\cos(t), \operatorname{sen}(t), 0), \ t \in [0, 2\pi].$$

Definamos, então,

$$N(t) = \frac{\partial \varphi}{\partial u}(t, 0) \times \frac{\partial \varphi}{\partial v}(t, 0) = R\left(\cos(u), \operatorname{sen}\left(\frac{u}{2}\right), \ \operatorname{sen}(u), \operatorname{sen}\left(\frac{u}{2}\right), -\cos\left(\frac{u}{2}\right)\right).$$

Esse é um campo vetorial ao longo de α, mas

$$N(0) = R(0, 0, -1) \text{ e } N(2\pi) = (0, 0, 1).$$

Dessa forma, M não pode ser orientável, pois, pelo resultado anterior, deveríamos ter $N(0) = N(2\pi)$.

Síntese

Ao longo deste capítulo, desenvolvemos os conceitos modernos de superfícies. As principais características desses objetos matemáticos se devem ao fato de se comportarem como uma cópia de $\mathbb{R}^n$ na vizinhança de cada ponto. Essa particularidade permite refazer toda a teoria de cálculo para ambientes mais abstratos. Vale ressaltar que grande parte das propriedades deduzidas teve auxílio de funções lineares entre espaços vetoriais, mostrando como diferentes áreas podem contribuir para uma teoria.

Atividades de autoavaliação

1) Mostre que o elipsoide $\frac{x^2}{a^2} + \frac{y^2}{b^2} + \frac{z^2}{c^2} = 1$ é uma superfície ($a, b, c \in \mathbb{R}$ não nulos).

2) Mostre que o toro é uma superfície com parametrização

$$\phi(x, y) = \big((a + b \cdot \cos(x)) \cdot \cos(y), (a + b \cdot \cos(x)) \cdot \text{sen}(y), b \cdot \text{sen}(y)\big),$$

em que $a > 0$ e $a > b$.

3) Mostre que o helicoide é uma superfície com parametrização

$$\phi(x, y) = (y \cdot \cos(x), y \cdot \text{sen}(x), \lambda \cdot x), \lambda \in \mathbb{R}.$$

4) Encontre as equações dos planos tangentes das superfícies parametrizadas por:
   a. $\phi(x, y) = (x, y, x^2 - y^2)$ em $p = (1,1,0)$
   b. $\phi(x, y) = (x \cdot \cosh(x), x \cdot \text{sen}h(y), y^2)$ em $p = (1,0,1)$

5) Mostre que a faixa de Möbius não é orientável calculando seus vetores normais unitários:

$$\phi(x, y) = \left(\left(1 - x \cdot \text{sen}\left(\frac{y}{2}\right)\right) \cdot \cos(y), \left(1 - x \cdot \text{sen}\left(\frac{y}{2}\right)\right) \cdot \text{sen}(y), x \cdot \cos\left(\frac{y}{2}\right)\right)$$

com domínio $U = \{(x, y) \in \mathbb{R}^2, -\frac{1}{2} < x < \frac{1}{2}, 0 < y < 2 \cdot \pi\}$.

Sem entrar em detalhes, dê exemplos de outras superfícies não orientáveis.

6) Classifique as sentenças a seguir como verdadeiras (V) ou falsas (F):
   ( ) A função $\varphi(u, v) = (\cos u, e^{u^2}, -\text{sen}^2(v^2) + u)$ determina uma superfície parametrizada de classe C^∞.

( ) A regularidade de uma superfície é uma propriedade global.
( ) A superfície $\varphi(u, v) = (e^{\cos u}, e^{-\cos u}, \cos(u^2 + v^2))$ não tem autointerseções.
( ) Existe S superfície regular, $\varphi: U \subset \mathbb{R}^2 \to V \subset S$ com o posto de $d\phi_q$ igual a 3.
( ) Se S, T são subconjuntos homeomorfos de $\mathbb{R}^3$, com S superfície, T mesmo assim pode não ser superfície.

7) Classifique as sentenças a seguir como verdadeiras (V) ou falsas (F):
( ) 0 é um valor regular da função $f(x, y, z) = x^2 + y^2 - z^2$.
( ) Se $c_1, c_2 \in \mathbb{R}$ são números distintos e f é diferenciável, então $f^{-1}(c_1) \cap f^{-1}(c_2)$ é um conjunto não vazio.
( ) Se $f: \mathbb{R}^2 \to \mathbb{R}$ é diferenciável e $\phi(u, v) = (u, v, f(u, v))$, então, o posto de $d\phi_q$ é 2.
( ) A única esfera que é uma superfície regular tem raio 1.
( ) Qualquer número real é valor regular da função $f(x, y, z) = x^3 + y^{17} + z^9$

8) Classifique as sentenças a seguir como verdadeiras (V) ou falsas (F):
( ) A composição de duas aplicações diferenciáveis, quando bem definida, pode não ser diferenciável.
( ) Superfícies regulares localmente são difeomorfas a $\mathbb{R}$.
( ) Existe uma bijeção entre superfícies e traços de parametrização de superfícies, isto é, cada superfície tem uma única parametrização.
( ) Se $F: V \to W$ é uma aplicação diferenciável entre as superfícies V e W, a aplicação $F^{-1}: V \to W$ pode não ser diferenciável.
( ) A diferenciabilidade de uma função $f: S \to \mathbb{R}$ depende da parametrização da superfície S.

9) Classifique as sentenças a seguir como verdadeiras (V) ou falsas (F):
( ) Se $F: S \to P$ é uma aplicação diferenciável e $\alpha: I \to S$ é uma curva regular, então $F(\alpha(I))$ é uma curva regular não constante em P.
( ) Planos tangentes a superfícies parametrizadas por ϕ têm apenas uma base dada por $\left\{ \frac{\partial \varphi}{\partial u}(q), \frac{\partial \varphi}{\partial v}(q) \right\}$.
( ) Curvas em superfícies regulares são subconjuntos fechados.
( ) Se $F: S \to P$ é uma aplicação diferenciável, então $dF_p: T_p S \to T_{F(p)} P$ é uma aplicação linear.
( ) O plano tangente a uma superfície regular pode não ser um espaço vetorial.

10) Classifique as sentenças a seguir como verdadeiras (V) ou falsas (F):
( ) O vetor normal a uma superfície da definição de vetor normal unitário é único.
( ) O campo $X(p) = p$ é normal e unitário na esfera $\mathbb{S}^2$, que a torna orientável.

( ) Dados dois vetores v, w, sempre está bem definido o vetor $\frac{v \times w}{|v \times w|}$.
( ) Se $f: \mathbb{R}^3 \to \mathbb{R}$ é diferenciável e $c \in \mathbb{R}$, então, para cada $p \in f^{-1}(c)$, $\frac{\nabla f(p)}{|\nabla f(p)|}$.
( ) Algum vetor de um campo vetorial normal pode ter norma não unitária.

Atividades de aprendizagem

Questões para reflexão

1) Mostre que qualquer disco aberto no plano xy é uma superfície.

2) Mostre que o cilindro unitário pode ser coberto por uma única carta, mas a esfera unitária não.

3) Mostre que qualquer conjunto aberto de uma superfície é uma superfície.

Atividade aplicada: prática

1) Verifique quais das funções a seguir define superfície regular:
   a. $\phi(x, y) = (x, y, x \cdot y)$
   b. $\phi(x, y) = (x, y^2, y^3)$
   c. $\phi(x, y) = (x + x^2, y, y^2)$

Neste capítulo, vamos dar enfoque à primeira e à segunda forma fundamental, bem como à relação com essas formas e a curvatura. Estudaremos também funções que preservam ângulos entre vetores dos espaços tangentes, além de funções que preservam áreas pequenas o suficiente para estar dentro da parametrização de uma superfície. A invariância será um dos principais temas deste capítulo, aparecendo também nas formas fundamentais como propriedade intrínseca de algumas superfícies, isto é, uma propriedade que depende apenas de sua forma e que se mantém sob certas funções aplicadas nela.

A partir daqui, vamos denotar as derivadas parciais de uma parametrização $\phi \colon U \subset \mathbb{R}^2 \to V \subset S$ com relação a u e v respectivamente por ϕ_u e ϕ_v.

3

Formas fundamentais e curvatura

3.1 Primeira forma fundamental

No capítulo anterior, estudamos a parte mais diferencial dos espaços tangentes. Nesta seção, vamos focar na estrutura de espaço vetorial que este herda de $\mathbb{R}^3$.

Definição 3.1

Suponhamos uma superfície regular S para cada $p \in S$, a aplicação $I_p: T_pS \to \mathbb{R}$ dada por

$$I_p(v) \doteq \langle v, v \rangle_p = \|v\|_p^2$$

é chamada de *primeira forma fundamental*, em que $\langle \ , \ \rangle_p$ é a restrição do produto interno canônico ao espaço tangente T_pS.

Assim como em álgebra linear, a função produto interno nos permite medir distância e ângulos. Essa será a utilidade da primeira forma fundamental em S.

Seja S uma superfície regular e $\phi: U \subset \mathbb{R}^2 \to V \subset S$ uma parametrização. Se $\phi(u, v) \doteq p \in S$, então, em coordenadas $X \in T_pS$, escreve-se como

$$X = X_1 \cdot \phi_u(u_0, v_0) + X_2 \cdot \phi_v(u_0, v_0), \quad X_1, X_2 \in \mathbb{R}.$$

Assim, omitindo a avaliação de todas as funções em (u_0, v_0), temos

$$I_{(u_0,v_0)}(X) = \langle X_1 \cdot \phi_u + X_2 \cdot \phi_v, X_1 \cdot \phi_u + X_2 \cdot \phi_v \rangle_p$$
$$= X_1^2 \cdot \|\phi_u\|_p^2 + 2 \cdot X_1 \cdot X_2 \langle \phi_u, \phi_{vp} \rangle + X_2^2 \cdot \|\phi_v\|_p^2.$$

A notação usual em coordenadas ocorre pelas aplicações diferenciáveis $E, F, G: U \subset \mathbb{R}^2 \to \mathbb{R}$ chamadas de *coeficientes da primeira forma fundamental*, definidas por (omitindo a aplicação em um ponto (u_0, v_0)):

$$E = \langle \phi_u, \phi_u \rangle_p = \| \phi_u \|_p^2$$
$$F = \langle \phi_u, \phi_{vp} \rangle$$
$$G = \langle \phi_v, \phi_v \rangle_p = \| \phi_v \|_p^2,$$

isto é,

$$I_{(u_0, v_0)}(X) = X_1^2 \cdot E(u_o, v_o) + 2 \cdot X_1 \cdot X_2 \cdot F(u_0, v_0) + X_2^2 \cdot G(u_o, v_o)$$

Quando não houver risco de confusão, não escreveremos o ponto como índice do produto interno ou da norma.

Observação 3.1

No próximo capítulo, definiremos uma classe especial de curvas em uma superfície. Estas serão chamadas de *geodésicas*. Para encontrarmos equações que descrevem essas curvas em coordenadas, precisaremos das derivadas parciais dos coeficientes da primeira forma fundamental. Vejamos que:

$$E = \langle \phi_u, \phi_u \rangle \Rightarrow \begin{cases} E_u = \langle \phi_{uu}, \phi_u \rangle + \langle \phi_u, \phi_{uu} \rangle = 2 \cdot \langle \phi_{uu}, \phi_u \rangle \\ E_v = \langle \phi_{uv}, \phi_u \rangle + \langle \phi_u, \phi_{uv} \rangle = 2 \cdot \langle \phi_{uv}, \phi_u \rangle \end{cases};$$

$$F = \langle \phi_u, \phi_v \rangle \Rightarrow \begin{cases} F_u = \langle \phi_{uu}, \phi_v \rangle + \langle \phi_u, \phi_{vu} \rangle \Rightarrow F_u - \frac{1}{2} \cdot E_v = \langle \phi_{uu}, \phi_v \rangle \\ F_v = \langle \phi_{uv}, \phi_v \rangle + \langle \phi_u, \phi_{vv} \rangle \Rightarrow F_v - \frac{1}{2} \cdot G_u = \langle \phi_u, \phi_{vv} \rangle \end{cases};$$

$$G = \langle \phi_v, \phi_v \rangle \Rightarrow \begin{cases} G_u = \langle \phi_{vu}, \phi_v \rangle + \langle \phi_v, \phi_{vu} \rangle = 2 \cdot \langle \phi_{vu}, \phi_v \rangle \\ G_v = \langle \phi_{vv}, \phi_v \rangle + \langle \phi_v, \phi_{vv} \rangle = 2 \cdot \langle \phi_{vv}, \phi_v \rangle \end{cases}.$$

Em termos de tais funções recém-definidas, seremos capazes de deduzir certas propriedades das superfícies que dependem apenas dessas funções, ainda que, a princípio, pareçam depender do ambiente externo a elas. Essas propriedades são chamadas de *intrínsecas*.

Lema 3.1

Seja $\phi: U \subset \mathbb{R}^2 \to V \subset S$ e $p \doteq \phi(q)$ em S.

1. Se $x = (a, b)$, $y = (c, d) \in \mathbb{R}^2$, então

$$\langle d\phi_q(x), d\phi_q(y) \rangle = (a \cdot c) \cdot E(q) + (a \cdot d + b \cdot c) \cdot F(q) + (b \cdot d) \cdot G(q).$$

Em particular,

$$\left\| d\phi_q(x) \right\|^2 = a^2 \cdot E(q) + 2 \cdot a \cdot b \cdot F(q) + b^2 \cdot G(q).$$

2. Se $\alpha: [0, l] \to U$ é uma curva regular com $\alpha(t) = (u(t), v(t))$, então, o comprimento de arco de $\phi \circ \alpha$, denotado por S, é dado por

$$S(t) = \int_0^l \sqrt{(u'(t))^2 \cdot E(\alpha(t)) + 2 \cdot u'(t) \cdot v'(t) \cdot F(\alpha(t)) + (v'(t))^2 \cdot G(\alpha(t))} \, dt.$$

3. Seja $D \subset \mathbb{R}^2$ fechado, limitado, com interior homeomorfo a uma bola aberta de $\mathbb{R}^2$ e fronteira dada por uma curva regular homeomorfa a um círculo, então, a área de D é calculada por

$$A(D) \doteq \iint_{\bar{D}} \sqrt{E \cdot G - F^2} \, du dv = \iint_{\bar{D}} \left\| \phi_u \times \phi_v \right\| du dv,$$

em que $\bar{D} = \phi^{-1}(D)$. Essa fórmula independe da parametrização.

Demonstração

A parte (1) decorre diretamente das propriedades de produto interno. Vejamos como demonstrar o item (2):

$$\phi(\alpha(t)) = \phi(u(t), v(t))$$
$$\Rightarrow \phi'(\alpha(t)) = u'(t) \cdot \phi_u(u(t), v(t)) + v'(t) \cdot \phi_v(u(t), v(t)).$$

Então, temos

$$\left\| \phi'(\alpha(t)) \right\| = \sqrt{\langle \phi'(\alpha(t)), \phi'(\alpha(t)) \rangle}$$
$$= \sqrt{(u'(t))^2 \cdot E(\alpha(t)) + 2 \cdot u'(t) \cdot v'(t) \cdot F(\alpha(t)) + (v'(t))^2 \cdot G(\alpha(t))}$$
$$\Rightarrow S(\phi(\alpha(t))) = \int_0^l \left\| \phi'(\alpha(t)) \right\| dt$$
$$= \int_0^l \sqrt{(u'(t))^2 \cdot E(\alpha(t)) + 2 \cdot u'(t) \cdot v'(t) \cdot F(\alpha(t)) + (v'(t))^2 \cdot G(\alpha(t))} \, dt.$$

Para mostrarmos o item (3), primeiramente, vamos deduzir a fórmula de área para D como no enunciado. A norma da função $d\phi_q: D \subset \mathbb{R}^2 \to T_p S$ induz a uma função de U para $[0, \infty)$ dada por

$$\left\| d\phi_q \right\| \doteq \left\| \phi_u \times \phi_v \right\|.$$

Essa função mede a área do paralelogramo gerado pelos vetores ϕ_u e ϕ_v. Assim, varrendo todos os pontos de D, definimos a área de D por

$$A(D) = \iint_D \left\| d\phi_q \right\| du dv = \iint_D \left\| \phi_u \times \phi_v \right\| du dv.$$

Vejamos, agora, que essa função independe de parametrizações. Sejam $\phi: U \subset \mathbb{R}^2 \to S$ e $\Psi: V \subset \mathbb{R}^2 \to S$ cartas ao redor de $p \in U \cap V \subset S$. Como já vimos, a mudança de coordenadas pode ser feita pela relação

$$\left\| d\phi_q \right\| = \frac{\partial(u,v)}{\partial(\bar{u},\bar{v})} \left\| d\psi_q \right\|.$$

Então, denotando $\bar{D} \doteq \psi^{-1}(D)$, temos

$$\iint_{\bar{D}} \left\| d\psi_q \right\| d\bar{u} d\bar{v} = \iint_D \left\| d\phi_q \right\| \frac{\partial(u, v)}{\partial(\bar{u}, \bar{v})} d\bar{u} d\bar{v} = \iint_D \left\| d\phi_q \right\| du dv,$$

pelo teorema da mudança de variáveis para integrais. Vemos, portanto, que não há dependência da parametrização.

Por fim, vamos verificar que vale a relação entre a área e os coeficientes da primeira forma fundamental. Observe que

$$E \cdot G - F^2 = \left\| \phi_u \right\|^2 \cdot \left\| \phi_v \right\|^2 - \langle \phi_u, \phi_v \rangle = \left\| \phi_u \times \phi_v \right\|^2.$$

Podemos integrar e temos

$$\left\| \phi_u \times \phi_v \right\| = \sqrt{E \cdot G - F^2}.$$

Portanto, concluímos que

$$A(D) \doteq \iint_{\bar{D}} \sqrt{E \cdot G - F^2} \, du dv = \iint_{\bar{D}} \| \phi_u \times \phi_v \| du dv.$$

Observação 3.2

1. Podemos mostrar, também, a seguinte igualdade nas hipóteses concebidas anteriormente:

$$A(D) = \iint_D \| d\phi_q \| du dv = \iint_D \| \phi_u \times \phi_v \| du dv.$$

2. A relação entre comprimento de arco e a primeira forma nos permite fazer esta manipulação:

$$s(t) = \int_0^t \sqrt{du^2 \cdot E + 2 \cdot du \cdot dv \cdot F + dv^2 \cdot G}$$
$$\Rightarrow ds^2 = du^2 \cdot E + 2 \cdot du \cdot dv \cdot F + dv^2 \cdot G.$$

Observe que podemos interpretar du como a derivada da função $(u, v) \mapsto u$ em U e dv como a derivada da função $(u, v) \mapsto v$ em U. Daí, se $x = (a, b)$, temos

$$du_q(x) = a \text{ e } dv_q(x) = b \ \forall q \in U.$$

Desse modo, a primeira forma fundamental em coordenadas é a função que leva $x \in T_p U \simeq \mathbb{R}^2$ em $\| d\phi_q(x) \|^2$. Portanto, I_q associa a cada $q \in U$ a função que leva um vetor tangente em um número calculado pela norma. Dizemos que ds é o *pullback* de ϕ em U da primeira forma fundamental em S.

A ideia é que podemos resgatar informações sobre S para U por meio de cartas.

Exemplo 3.1

1. Seja $\phi\colon U \doteq (0, 2\pi) \times (0, \pi) \to \mathbb{S}^2$ dado por
   $\phi(u, v) = (\text{sen}(v) \cdot \cos(u), \text{sen}(v) \cdot \text{sen}(u), \cos(v))$.
   Temos
   $\phi_u = (-\text{sen}(v) \cdot \text{sen}(u), \text{sen}(v) \cdot \cos(u), 0)$
   $\phi_v = (\cos(v) \cdot \cos(v), \cos(v) \, \text{sen}(u), -\text{sen}(v))$.

Os coeficientes da primeira forma fundamental de $\mathbb{S}^2$ são:

$E = \operatorname{sen}^2(v)$, $F = 0$ e $G = 1$.

Aplicando diretamente as fórmulas do Lema 3.1 para $\alpha(t) = (u(t), v(t))$ e D como no enunciado:

$$s(t) = \int_0^t \sqrt{\operatorname{sen}^2(v(t)) \cdot u'(t) + (v'(t))^2}$$

$$A(D) = \iint_{\bar{D}} \operatorname{sen}(v)\, du dv.$$

2. Seja $U \subset \mathbb{R}^2$ aberto e $f: U \to \mathbb{R}$ uma função diferenciável. Vimos que $Graf(f)$ é uma superfície regular coberta por uma única carta

$$\phi : U \subset \mathbb{R} \to Graf(f) \text{ com } \phi(x, y) = (x, y, f(x, y)).$$

Em $q = (x, y) \in U$, temos

$$\phi_x(q) = \left(1,\ 0,\ f_x(q)\right)$$

$$\phi_y(q) = \left(0,\ 1,\ f_y(q)\right).$$

Então, a primeira forma fundamental do gráfico em coordenadas é

$$\left(1 + f_x^2\right) \cdot dx + 2 \cdot \left(f_x \cdot f_y\right) \cdot dx \cdot dy + \left(1 + f_y^2\right) \cdot dy.$$

Vamos terminar esta seção discutindo superfícies isométricas. Para motivar essa ideia, considere duas superfícies: um plano e um cilindro reto. As respectivas parametrizações e seus coeficientes da primeira forma fundamental são

- **Plano**: $\phi(x, y) = p_0 + x \cdot u + y \cdot v$, com u e v ortogonais
  $\Rightarrow E = 1$, $F = 0$ e $G = 1$.
- **Cilindro**: $\Psi(x, y) = (\cos(x), \operatorname{sen}(x), y)$
  $\Rightarrow \bar{E} = 1, \bar{F} = 0$ e $\bar{G} = 1$.

Então, suas primeiras formas são idênticas. De forma intuitiva, o que está acontecendo é o seguinte: a primeira forma fundamental identifica que essas duas superfícies se comportam de maneira parecida com relação a métricas (no sentido de medidas). Mas essa semelhança é apenas local, uma vez que o cilindro apresenta um "buraco", e o plano não.

Definição 3.2

Sejam S e P duas superfícies regulares com cartas (respectivas) $\phi: U \to S$ e $\psi: U \to P$. Dizemos que S e P são isométricas (localmente) se, para todos os pontos de U, temos

$E = \overline{E}, F = \overline{F}$ e $G = \overline{G}$.

Os termos do lado direito são os coeficientes da primeira forma fundamental de ϕ, e os do lado esquerdo, os coeficientes de ψ.

Nas condições da definição, uma vez que ϕ e ψ são injetivas, a função F: $\phi(U) \to \Psi(U)$ dada por $F = \psi \circ \phi^{-1}$ é bijetora. Em particular, F é tal que

$$\left\langle dF_p v, dF_p w \right\rangle_p = \langle v, w \rangle_p.$$

Dizemos que F é uma isometria, pois preserva distâncias.

Pela definição, vemos que as propriedades que dependem apenas da primeira forma fundamental são preservadas pela isometria. Entre elas, o comprimento de arco tem grande destaque, como podemos ver na Proposição 3.1.

Proposição 3.1

Sejam ϕ, Ψ: $U \subset \mathbb{R}^2 \to R^3$ injetivas e $\phi(U) \doteq S$ e $\psi(U) \doteq P$. As superfícies S e P são isométricas se, e somente se, $F \doteq \psi \circ \phi^{-1}: S \to P$ preservar comprimento de curvas.

Demonstração

Vamos mostrar que, para toda curva α em S, temos

$$s_\alpha(t) = s_{F(\alpha)}(t).$$

De fato, seja $\alpha: I \to S$ com $\alpha(t) = \phi(u(t), v(t))$. Como $F \doteq \psi \circ \phi^{-1}$, temos uma curva $\overline{\alpha}: I \to P$ com $\overline{\alpha}(t) = \psi(u(t), v(t))$. Derivando em relação a t, obtemos (omitindo os argumentos)

$$\alpha'(t) = \phi_u \cdot u' + \phi_v \cdot v'$$
$$\overline{\alpha}'(t) = \psi_u \cdot u' + \psi_v \cdot v'$$

Utilizando os coeficientes E, F e G para a primeira forma associada a ϕ e $\overline{E}$, $\overline{F}$ e $\overline{G}$ para a primeira forma de ψ, a fórmula do Lema 3.1 nos fornece:

$$l(\alpha, [t_o, t_1]) = \int_{t_0}^{t_1} \sqrt{E \cdot (u')^2 + 2 \cdot u' \cdot v' \cdot F + (v')^2 \cdot G}\, dt$$

$$l(\overline{\alpha}, [t_o, t_1]) = \int_{t_0}^{t_1} \sqrt{\overline{E} \cdot (u')^2 + 2 \cdot u' \cdot v' \cdot \overline{F} + (v')^2 \overline{G}}\, dt.$$

Como S e P são isométricas, seus coeficientes da primeira forma são iguais e temos $l(\alpha) = l(\bar{\alpha})$. Por outro lado, suponhamos que $F: S \to P$ preserva comprimento de curva. Vamos fixar $q = (u_0, v_0) \in U$ e definir $\alpha: (-\varepsilon, \varepsilon) \to S$ por

$$\alpha(t) \doteq \phi(u_0 + a \cdot t, v_0 + b \cdot t), a, b \in \mathbb{R} \setminus \{0\}.$$

Na Observação 3.2, vimos que, se $s(t)$ é a função do comprimento de arco de α e $s_{\bar{\alpha}}(t)$ é a função do comprimento de arco de $\bar{\alpha}$, então (omitindo os argumentos das funções)

$$ds_\alpha = \sqrt{du^2 \cdot E + 2 \cdot du \cdot dv \cdot F + dv^2 \cdot G} = \sqrt{a^2 \cdot E + 2 \cdot a \cdot b \cdot F + b^2 \cdot G}.$$

Analogamente,

$$ds_{\bar{\alpha}} = \sqrt{a^2 \cdot \bar{E} + 2 \cdot a \cdot b \cdot \bar{F} + b^2 \cdot \bar{G}}.$$

Por hipótese $s_\alpha(t) = s_{\bar{\alpha}}(t)$, logo

$$a^2 \cdot E + 2 \cdot a \cdot b \cdot F + b^2 \cdot G = a^2 \cdot \bar{E} + 2 \cdot a \cdot b \cdot \bar{F} + b^2 \bar{G}.$$

Em $t = 0$, temos

$$a^2 \cdot (E - \bar{E}) + 2 \cdot a \cdot b \cdot (F - \bar{F}) + b^2 \cdot (G - \bar{G}) = 0.$$

Como vale a igualdade para quaisquer , segue que valem as igualdades em quaisquer pontos

$$E = \bar{E}, F = \bar{F} \text{ e } G = \bar{G}.$$

Portanto, S e P são isométricas.

3.2 Segunda forma fundamental

A seção anterior tratou da primeira forma fundamental, que diz respeito às propriedades intrínsecas das superfícies. Veremos, agora, a segunda forma fundamental, que nos dará informações sobre a curvatura da superfície.

Seja S uma superfície orientada $N: S \to \mathbb{R}^3$ e sua orientação. Como N é um vetor normal unitário em $\mathbb{R}^3$, $Im(N) \subset \mathbb{S}^2 \subset \mathbb{R}^3$, podemos considerar a aplicação a seguir.

Definição 3.3
Seja S uma superfície orientada. O campo normal unitário $N: S \to \mathbb{S}^2$ é chamado de *aplicação de Gauss* ou *função de Gauss*.

Figura 3.1 – Aplicação de Gauss

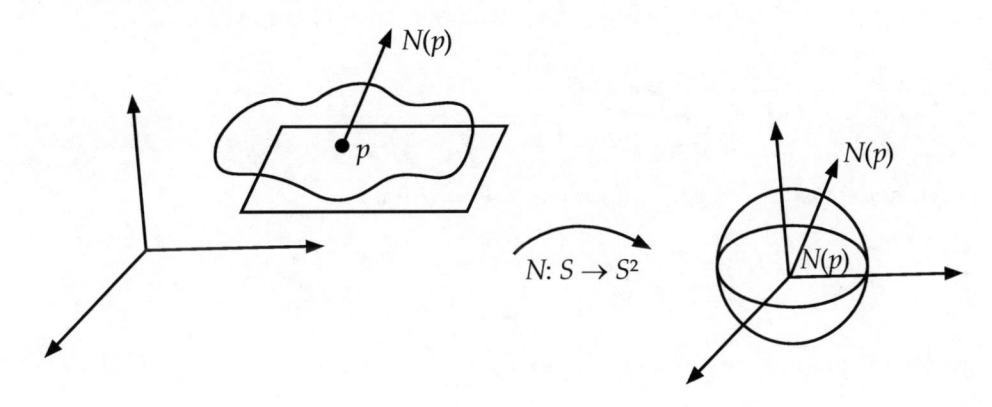

Dado $p \in S$, considere a diferencial de N em p, isto é, $dN_p: T_pS \to T_{N(p)}\mathbb{S}^2$. Note que é $N(p)$ ortogonal a qualquer vetor de T_pS e também a qualquer vetor de $T_{N(p)}\mathbb{S}^2$. Dessa forma, T_pS e $T_{N(p)}\mathbb{S}^2$ são paralelos; logo, existe uma bijeção entre esses espaços. Com essa motivação, temos a definição a seguir.

Definição 3.4
Dado S uma superfície orientada e $N: S \to \mathbb{S}^2$ a aplicação de Gauss, sua diferencial $dN_p: T_pS \to T_p\mathbb{S}^2$, para qualquer $p \in S$, é chamada de *operador forma* ou *função de Weingarter*.

Vejamos as observações geométricas sobre o operador forma.

Observação 3.3
1. Na literatura, podemos encontrar o operador forma com um sinal negativo.
2. Seja α uma curva em S com $\alpha(0) = p$ e $\alpha'(0) = v$. Escrevendo $N(t) = N(\beta(t))$, temos
$dN_p(v) = dN_p(\alpha'(0)) = N(0) \in T_pS.$

Geometricamente, isso nos mostra que dN_p mede o quanto N se distância de $N_{(p)}$ em uma vizinhança de p. No caso de curvas, esse valor é um número (o valor da curvatura no ponto). Nesse caso, obteremos uma aplicação linear.

Vejamos alguns exemplos.

Exemplo 3.2

1. Seja S o plano parametrizado por $\phi(u, v) = u \cdot x + v \cdot y$. Vimos que

$$N(p) = \frac{x \times y}{\|x \times y\|} \;\; \forall p \in S \Rightarrow dN_p(v) = 0 \;\; \forall p \in S \text{ e } \forall v \in T_p S.$$

2. Considere a esfera de raio r centrada na origem $S = \mathbb{S}_r^2$. Ela é a curva de nível da função $f(x, y, z) = x^2 + y^2 + z^2$ em r^2, isto é, $\mathbb{S}_r^2 = f^{-1}(r^2)$. Vimos que, nesse caso,

$$N(p) = \frac{\nabla f(p)}{\|\nabla f(p)\|} = \frac{p}{\|p\|} = \frac{p}{r} \;\; \forall p \in \mathbb{S}_r^2.$$

Seja α uma curva $\mathbb{S}_r^2$ em com $\alpha(0) = p$ e $\alpha'(0) = v$, então

$$dN_p(v) = \frac{d}{dt}\bigg|_{t=0} N(\alpha(t)) = \frac{d}{dt}\bigg|_{t=0} \frac{\alpha(t)}{r} = \frac{v}{r}$$

Logo, temos que $dN_p = \frac{1}{r} \cdot id_{T_p S}: T_p S \to T_p S$.

3. Seja $U \subset \mathbb{R}^2$ aberto e $f: U \to R$ uma função diferenciável. Vimos que o gráfico de f, $Graf(f)$, é orientável, e sua orientação é dada por

$$N = \frac{(-f_x, -f_y, 1)}{\sqrt{f_x^2 + f_y^2 + 1}} \text{ via carta } \phi(x, y) = (x, y, f(x, y)).$$

Vamos calcular dN em $p \doteq \phi(q) = (x_0, y_0, f(x_0, y_0))$. Supondo que (x_0, y_0) seja ponto crítico de f, temos

$$f_x(x_0, y_0) = f_y(x_0, y_0) = 0 \Rightarrow N(p) = 1.$$

Nesse caso, $T_p Graf(f)$ é gerado pelos vetores $e_1 = (1,0,0)$ e $e_2 = (0,1,0)$. Vamos definir curvas α e β em $Graf(f)$ por

$$\alpha(t) = (x_0 + t, y_0, f(x_0 + t, y_0))$$
$$\beta(t) = (x_0, y_0 + t, f(x_0, y_0 + t)).$$

Tais curvas satisfazem

$$\alpha(0) = \left(x_0,\, y_0,\, f(x_0,\, y_0)\right) = \beta(0) = p$$
$$\alpha'(0) = \left(1,\, 0,\, f_x(x_0,\, y_0)\right) = (1,0,0) = e_1$$
$$\beta'(0) = \left(0,\, 1, f_y(x_0,\, y_0)\right) = (0,1,0) = e_2.$$

Temos, então,

$$N_1(t) \doteq N(\alpha(t)) = \frac{(-f_x(x_0 + t,\, y_0), -f_y(x_0 + t,\, y_0),\, 1)}{\sqrt{f_x^2(x_0 + t,\, y_0) + f_y^2(x_0 + t,\, y_0) + 1}}$$

Para facilitar as contas, observe que, em $t = 0$,

$$\sqrt{f_x^2(x_0,\, y_0) + f_y^2(x_0,\, y_0) + 1} = \sqrt{1 + 0 + 1} = 1.$$

Segue que

$$N_1'(0) = d(N_1)_p(e_1) = \frac{d}{dt}_{|t=0} \left(-f_{xx}(x_0 + t, y_0), -f_{yx}(x_0 + t, y_0),\, 0\right)$$
$$= \left(-f_{xx}(x_0,\, y_0), - f_{yx}(x_0,\, y_0),\, 0\right).$$

Analogamente, para $N_2 = N(\beta(t))$,

$$d(N_2)_p(e_2) = \left(-f_{xy}(x_0,\, y_0),\, - f_{yy}(x_0,\, y_0),\, 0\right).$$

Podemos escrever esse fato de outra forma:

$$d(N_1)_p(e_1) = f_{xx}(x_0,\, y_0) \cdot e_1 + f_{yx}(x_0,\, y_0) \cdot e_2$$
$$d(N_2)_p(e_2) = f_{xy}(x_0,\, y_0) \cdot e_1 + f_{yy}(x_0,\, y_0) \cdot e_2$$
$$\Rightarrow \left[dN_p\right]_{e_1,e_2} = \begin{bmatrix} f_{xx}(x_0,\, y_0) & f_{xy}(x_0,\, y_0) \\ f_{xy}(x_0,\, y_0) & f_{yy}(x_0,\, y_0) \end{bmatrix}$$

O último exemplo nos leva a uma pergunta natural: Quando a matriz de dN_p é simétrica ou diagonal? Podemos solucionar uma parte dessa questão com o Lema 3.2.

Lema 3.2

Seja S superfície orientada e $p \in S$. Então, dN_p é representado por uma matriz simétrica em qualquer base ortonormal de T_pS.

Demonstração

Seja $\{e_1, e_2\}$ base ortonormal de T_pS, a matriz

$$A = \begin{bmatrix} e_1 \\ e_2 \\ N(p) \end{bmatrix} \text{ e a função } L_A: \mathbb{R}^2 \to \mathbb{R}^2 \text{ com } L_A(p) = A \cdot p.$$

Definamos $\overline{S} \doteq L_A^{-1}(S)$, $\overline{p} \doteq L_A^{-1}(p) = (\overline{x}_0, \overline{y}_0, \overline{z}_0)$. Note que $\overline{S}$ é uma superfície regular e $T_{\overline{p}}\overline{S}$ é gerado por uma base, digamos, $\{f_1, f_2\}$.

Vimos que uma vizinhança de $\overline{p}$ em $\overline{S}$ é o gráfico de uma função diferenciável $f(x, y)$. Pelo exemplo anterior, o operador forma de $\overline{S}$ em $\overline{p}$ na base $\{f_1, f_2\}$ se escreve como a matriz

$$\begin{bmatrix} f_{xx}(\overline{x}_0, \overline{y}_0) & f_{xy}(\overline{x}_0, \overline{y}_0) \\ f_{yx}(\overline{x}_0, \overline{y}_0) & f_{yy}(\overline{x}_0, \overline{y}_0) \end{bmatrix}$$

Essa matriz é simétrica, pois f é diferenciável, o que implica que suas derivadas cruzadas são iguais.

Como L_A é uma multiplicação em $\mathbb{R}^3$, temos que $e_i = L_A(f_i)$, para $i \in \{1,2\}$. Nessa base, o operador forma de S em p é

$$\begin{bmatrix} f_{xx}(\overline{x}_0, \overline{y}_0) & f_{xy}(\overline{x}_0, \overline{y}_0) \\ f_{xy}(\overline{x}_0, \overline{y}_0) & f_{yy}(\overline{x}_0, \overline{y}_0) \end{bmatrix}$$

Portanto, segue o resultado.

Vamos fazer uma recapitulação dos resultados vistos até aqui neste capítulo: dada uma superfície regular orientada S, definimos $dN_p\colon T_pS \to T_pS$, $p \in S$, e vimos que, dada uma base ortonormal de T_pS, a matriz de dN_p é simétrica nessa base.

Relembrando o conceito de transformação linear autoadjunta de álgebra linear: dizemos que $dN_p\colon T_pS \to T_pS$ é um operador autoadjunto se satisfaz

$$\langle dN_p(v), w \rangle = \langle v, dN_p(w) \rangle, \ \forall v, w \in T_pS.$$

Por fim, observe que, se definirmos $II_p\colon T_pS \to \mathbb{R}$ por

$$II_p(v) = \langle dN_p(v), v \rangle,$$

essa função satisfaz

$$II_p(v - w) = \langle v - w, dN_p(v - w) \rangle$$
$$= \langle v, dN_p(v) \rangle - 2 \cdot \langle v, dN_p(w) \rangle + \langle w, dN_p(w) \rangle$$
$$\Rightarrow \langle v, dN_p(w) \rangle = \frac{1}{2} \cdot \left(II_p(v) + II_p(w) - II_p(v - w) \right).$$

Portanto, II_p e dN_p contêm as mesmas informações.

Com essa motivação, definimos a segunda forma fundamental de uma superfície.

Definição 3.5

Seja S uma superfície regular orientada e $p \in S$, o operador bilinear simétrico $II_p\colon T_pS \to \mathbb{R}$ definido por

$$II_p(v) = -\langle dN_p(v), v \rangle$$

é chamado de *segunda forma fundamental* de S em p.

Observação 3.4

1. O sinal na definição de II_p tem uma razão puramente geométrica que veremos na seção de geodésicas.
2. Seja S uma superfície regular orientada e $p \in S$ e $v \in T_pS$ unitários. Considere uma curva α em S com $\alpha(0) = p$ e $\alpha'(0) = v$. Como $\alpha'(t)$ é ortogonal a $N(\alpha(t))$, para todo t

$$0 = \langle N(\alpha(t)), \alpha'^{(t)} \rangle$$
$$\Rightarrow 0 = \frac{d}{dt}\bigg|_{t=0} \langle N(\alpha(t)), \alpha'^{(t)} \rangle = \langle N'(\alpha(0)), \alpha(0) \rangle + \langle N(\alpha(0)), \alpha''(0) \rangle$$
$$\Rightarrow \langle N(p), \alpha''(0) \rangle = -\langle dN_p(v), v \rangle = II_p(v).$$

Dessa maneira, podemos definir a segunda forma fundamental nas hipóteses do parágrafo anterior por

$$II_p(v) = \langle N(p), \alpha''(0) \rangle.$$

Note que essa definição não depende da curva escolhida. De fato, se $\phi: U \subset \mathbb{R}^2 \to S$ é uma parametrização de S e $q \in U$ com $\phi(q) \doteq p \in S$; dado $w \in T_pS$, podemos escrever w em função da base $\{\phi_u, \phi_v\}$ de T_pS, da forma

$$w = a \cdot \phi_u(q) + b \cdot \phi_v(q).$$

Consideremos uma curva α em S com expressão $\alpha(t) = \phi(u(t), v(t))$ satisfazendo $\alpha(0) = p$ e $\alpha'(0) = w$. Vamos calcular explicitamente α' e α'' e substituir na fórmula alternativa da segunda forma fundamental:

$$\alpha'(t) = \phi_u(u(t), v(t)) \cdot u'(t) + \phi_v(u(t), v(t)) \cdot v'(t)$$
$$\alpha''(t) = \phi_u(u(t), v(t)) \cdot u''(t) + \phi_{uu}(u(t), v(t)) \cdot (u'(t))^2 +$$
$$+ 2 \cdot \phi_{uv}(u(t), v(t)) \cdot u'(t) \cdot v'(t) + \phi_v(u(t), v(t)) \cdot v''(t) +$$
$$+ \phi_{vv}(u(t), v(t)) \cdot (v'(t))^2.$$

Então, como

$$u'(0) = a \text{ e } v'(0) = b \text{ e } u''(0) = v''(0) = 0$$
$$\Rightarrow \alpha''(0) = \phi_{uu} \cdot a^2 + 2 \cdot \phi_{uv} \cdot a \cdot b + \phi_{vv} \cdot b^2.$$

Daí,

$$II_p(w) = \langle N(p), \alpha''(0) \rangle$$
$$= a^2 \cdot \langle N(p), \phi_{uu} \rangle + 2 \cdot a \cdot b \cdot \langle N, \phi_{uv} \rangle + b^2 \cdot \langle N, \phi_{vv} \rangle$$

Isto é, $II_p(w)$ não depende da curva α.

Se $\{\phi_u, \phi_v\}$ é base de T_pS e $\alpha(t) = \phi(u(t), v(t))$ é tal que $\alpha(0) = p$,

$$dN_p(\alpha'(0)) = \frac{d}{dt}_{|t=0} N(\alpha(t)) = N_u \cdot u'(0) + N_v \cdot v'(0)$$
$$\Rightarrow dN_p(\phi_u) = N_u \text{ e } dN_p(\phi_v) = N_v.$$

Como N é normal,

$$\langle N, \phi_u \rangle = 0 = \langle N, \phi_v \rangle$$
$$\Rightarrow 0 = \frac{\partial}{\partial u}\langle N, \phi_u \rangle = \langle N_u, \phi_u \rangle + \langle N, \phi_{uu} \rangle$$
$$\Rightarrow \langle N, \phi_{uu} \rangle = -\langle N_u, \phi_u \rangle.$$

Analogamente,

$$\langle N, \phi_{vv} \rangle = -\langle N_v, \phi_v \rangle.$$

Além disso, temos

$$\langle N_u, \phi_v \rangle = \langle N_v, \phi_u \rangle$$

Tendo em vista a última observação, definimos as aplicações $e, f, g: U \to S$ como

$$e = \langle N, \phi_{uu} \rangle = -\langle N_u, \phi_u \rangle = -\langle dN_p(\phi_u), \phi_u \rangle$$
$$f = \langle N, \phi_{uv} \rangle = -\langle N_u, \phi_v \rangle = -\langle N_v, \phi_u \rangle = -\langle dN_p(\phi_u), \phi_v \rangle$$
$$g = \langle N, \phi_{vv} \rangle = -\langle N_v, \phi_v \rangle = -\langle dN_p(\phi_v), \phi_v \rangle.$$

Proposição 3.2

Seja S uma superfície regular orientada e $p \in S$. Dado $X \in T_pS$ com $X = X_1 \cdot \phi_u + X_2 \cdot \phi_v$, então

$$II_p(X) = e \cdot X_1^2 + 2 \cdot f \cdot X_1 \cdot X_2 + g \cdot X_2^2.$$

Demonstração

Utilizando a última observação e a linearidade da diferencial

$$dN_p(X) = dN_p(X_1 \cdot \phi_u + X_2 \cdot \phi_v)$$
$$= X_1 \cdot dN_p(\phi_u) + X_2 \cdot dN_p(\phi_v)$$
$$= X_1 \cdot N_u + X_2 \cdot N_v.$$

Segue que

$$II_p(X) = -\langle dN_p(X), X \rangle$$
$$= -\langle (X_1 \cdot N_u + X_2 \cdot N_v), (X_1 \cdot \phi_u + X_2 \cdot \phi_v) \rangle$$
$$= -(X_1^2 \cdot \langle N_u, \phi_u \rangle + 2 \cdot X_1 \cdot X_2 \cdot \langle N_u, \phi_v \rangle + X_2^2 \cdot \langle N_v, \phi_v \rangle)$$
$$= e \cdot X_1^2 + 2 \cdot f \cdot X_1 \cdot X_2 + g \cdot X_2^2.$$

∎

Nas condições da proposição anterior, dizemos que a segunda forma fundamental em coordenadas é dada por

$$II_p(X) = e(u, v) \cdot X_1^2 + 2 \cdot f(u, v) \cdot X_1 \cdot X_2 + g(u, v) \cdot X_2^2.$$

Alternativamente, podemos escrever a segunda forma fundamental na base $\{u, v\}$ por

$$II_p(X) = e \cdot du^2 + 2 \cdot f \cdot du \cdot dv + g \cdot dv.$$

Relembrando os conceitos de álgebra linear, uma aplicação definida como II_p é chamada de *forma quadrática*. Nesse caso, associada ao operador forma. Toda forma quadrática tem uma matriz associada. Vejamos esse fato.

Proposição 3.3

A matriz que representa dN_p na base $\{\phi_u, \phi_v\}$ de T_pS é dada por

$$\begin{bmatrix} w_{11} & w_{12} \\ w_{21} & w_{22} \end{bmatrix} = \frac{1}{E \cdot G - F^2} \cdot \begin{bmatrix} e \cdot G - f \cdot G & f \cdot G - g \cdot F \\ f \cdot E - e \cdot F & g \cdot E - f \cdot F \end{bmatrix},$$

em que E, F e G são os coeficientes da primeira forma fundamental.

Demonstração

Usando relações da primeira forma fundamental em

$$dN_p \cdot \begin{bmatrix} \phi_u \\ \phi_v \end{bmatrix} = \begin{bmatrix} w_{11} & w_{12} \\ w_{21} & w_{22} \end{bmatrix} \cdot \begin{bmatrix} \phi_u \\ \phi_v \end{bmatrix},$$

temos

$$-e = \langle dN_p(\phi_u), \phi_u \rangle = \langle w_{11} \cdot \phi_u + w_{21} \cdot \phi_v, \phi_v \rangle = w_{11} \cdot E + w_{21} \cdot F$$
$$-f = \langle dN_p(\phi_v), \phi_v \rangle = \langle w_{11} \cdot \phi_u + w_{21} \cdot \phi_v, \phi_v \rangle = w_{11} \cdot F + w_{21} \cdot G$$
$$-f = \langle dN_p(\phi_v), \phi_u \rangle = \langle w_{12} \cdot \phi_u + w_{22} \cdot \phi_v, \phi_u \rangle = w_{12} \cdot E + w_{22} \cdot F$$
$$-g = \langle dN_p(\phi_v), \phi_v \rangle = \langle w_{12} \cdot \phi_u + w_{22} \cdot \phi_v, \phi_v \rangle = w_{12} \cdot F + w_{22} \cdot G$$

Resolver esse sistema em $\{w_{11}, w_{12}, w_{21}, w_{22}\}$ é equivalente a resolver o sistema matricial a seguir

$$-\begin{bmatrix} e & f \\ f & g \end{bmatrix} = \begin{bmatrix} E & F \\ F & G \end{bmatrix} \cdot \begin{bmatrix} w_{11} & w_{12} \\ w_{21} & w_{22} \end{bmatrix}$$

$$\begin{bmatrix} w_{11} & w_{12} \\ w_{21} & w_{22} \end{bmatrix} = -\begin{bmatrix} E & F \\ F & G \end{bmatrix}^{-1} \cdot \begin{bmatrix} e & f \\ f & g \end{bmatrix}$$

$$= \frac{1}{E \cdot G - F^2} \cdot \begin{bmatrix} e \cdot G - f \cdot G & f \cdot G - g \cdot F \\ f \cdot E - e \cdot F & g \cdot E - f \cdot F \end{bmatrix}.$$

∎

Na próxima seção, essa matriz terá grande importância. Vamos deixar seu determinante e seu traço previamente calculados. Note, primeiro, que

$$[dN_p] = \frac{1}{E \cdot G - F^2} \cdot \begin{bmatrix} G & -F \\ -F & E \end{bmatrix} \cdot \begin{bmatrix} e & f \\ f & g \end{bmatrix}.$$

Então,

$$\det\left([dN_p]\right) = \frac{1}{(E \cdot G - F^2)^2} \cdot (G \cdot E - F^2)(e \cdot g - f^2) = \frac{e \cdot g - f^2}{E \cdot G - F^2}.$$

$$tr\left([dN_p]\right) = \frac{e \cdot G - 2 \cdot f \cdot F + g \cdot E}{E \cdot G - F^2}.$$

Na próxima seção, vamos definir os vários tipos de curvatura de uma superfície.

3.3 Curvaturas

Nesta seção, queremos tratar dos diferentes tipos de curvatura associados a uma superfície. Para isso, vamos fixar uma superfície regular orientada, $p \in S$ e $\phi: U \subset \mathbb{R}^2 \to S$ uma parametrização de S com $\phi(q) = p$.

Definição 3.6
Dizemos que:

1. $K(p) = de([dN_p])$ é a curvatura gaussiana de S em p.
2. $H(p) = \frac{1}{2} \cdot tr([dN_p])$ é a curvatura média de S em p.
3. a função $\kappa_n: T_q(S \setminus \{0\}) \to \mathbb{R}$ dada por $\kappa_n(v) \doteq \frac{II_q}{I_q}(v)$ é chamada de *função curvatura normal*.

Observe que, como $dN_p: T_pS \to T_pS$, é um operador autoadjunto, existe uma base $\{v_1, v_2\}$ ortonormal tal que a matriz de dN_p nessa base é diagonal, isto é,

$$[dN_p]_{\{v_1, v_2\}} = \begin{bmatrix} \kappa_1 & 0 \\ 0 & \kappa_2 \end{bmatrix}$$

Os vetores $\pm v_i$ ($i = 1, 2$) são os autovetores associados aos autovalores κ_i respectivamente. Dessa forma, podemos definir tanto a curvatura gaussiana quanto a curvatura média em função de κ_1 e κ_2:

$$K(p) = \det([dN_p]) = \kappa_1 \cdot \kappa_2$$

$$H(p) = \frac{1}{2} \cdot tr([dN_p]) = \frac{\kappa_1 + \kappa_2}{2}$$

Podemos caracterizar as curvaturas de outra forma, utilizando os coeficientes da primeira e da segunda forma fundamental:

$$K(p) = \frac{e \cdot g - f^2}{E \cdot G - F^2}$$

$$H(p) = \frac{1}{2} \cdot \frac{e \cdot G - 2 \cdot f \cdot F + g \cdot E}{E \cdot G - F^2}$$

Note que, escrevendo desse modo, as curvaturas são as soluções da equação

$$x^2 - 2 \cdot H \cdot x + K = 0$$

Novamente, recordando álgebra linear, o sinal do determinante de uma base indica se a orientação é preservada ou não.

Proposição 3.4

Seja S uma superfície regular orientada e $p \in S$. Se $K(p) \neq 0$, existe uma vizinhança de p em S tal que a aplicação de Gauss $N: S \to \mathbb{S}^2$ é um difeomorfismo em sua imagem. Além disso, $K(p)$ é positivo (negativo) se, e somente se, N for um difeomorfismo que preserva (não preserva) a orientação de S.

Demonstração

Por definição e da hipótese,

$$K(p) = \det([dNp]) = det([-dN_p]) \neq 0.$$

Então, pelo teorema da função inversa, N é um difeomorfismo local. Logo,

($K(p)$ é positivo/negativo) $\Leftrightarrow$ (N preserva/não preserva orientação).

∎

Observação 3.5

Vamos interpretar que tipo de informação o resultado anterior nos diz: se $K(p) \neq 0$, N leva uma curva fechada que inicia e termina no mesmo ponto (um *loop*) ao redor de p, em um *loop* em $\mathbb{S}^2$, a orientação desse *loop* (o sentido no qual andamos na curva) será a mesma se $K(p) > 0$ e contrária se $K(p) < 0$.

O próximo resultado nos diz a interpretação do módulo (ou magnitude) da curvatura K. Isso nos mostra também um pouco da intuição geométrica desse conceito.

Proposição 3.5

Seja S uma superfície regular orientada, com parametrização ϕ, e $p \in S$. Suponha que $K(p) \neq 0$ e que $p \in U$, em que essa vizinhança seja aberta e conexa. Então,

$$|K(p)| = \lim_{D \to p} \frac{A(N(\phi(D)))}{A(\phi(D))},$$

em que D é uma região em U contendo p e o limite $D \to p$ é no seguinte sentido: qualquer bola centrada em p contém todas as regiões D_n para n suficientemente grande.

Demonstração

Na primeira seção, vimos que a área de uma superfície pode ser calculada pela relação

$$A((\phi(D)) = \iint_D \|\phi_u \times \phi_v\| \, dudv$$
$$\Rightarrow A(N(\phi(D))) = \iint_D \|(N \circ \phi)_u \times (N \circ \phi)_v\| \, dudv = \iint_D \|N_u \times N_v\| \, dudv.$$

Note que, pela mudança de base, temos

$$N_u \times N_v = |\det([dN])| \cdot \phi_u \times \phi_v = |K| \cdot \phi_u \times \phi_v.$$

Segue que

$$\lim_{D \to p} \frac{A(N(\phi(D)))}{A(\phi(D))} = \frac{\lim_{D \to p} \frac{A(N(\phi(D)))}{A(D)}}{\lim_{D \to p} \frac{A(\phi(D))}{A(D)}} = |K| \cdot \frac{\|\phi_u \times \phi_v\|}{\|\phi_u \times \phi_v\|} = |K|.$$

Agora, vamos estudar o significado da segunda forma fundamental e da curvatura normal. Vimos que, se S é uma superfície regular orientada $v \in T_pS$ e é unitário, em que p é um ponto de S, dada uma curva regular parametrizada por comprimento de arco α iniciando em p, com derivada iniciando em v, temos que

$$0 = \langle N(\alpha(t)), \alpha(t) \rangle$$
$$\Rightarrow \langle N'(\alpha(t)), \alpha'(t) \rangle = -\langle N(\alpha(t)), \alpha''(t) \rangle.$$

Lembrando que, em $\mathbb{R}^2$, a segunda derivada da curva nos fornece a curvatura com sinal, isto é,

$$\alpha''(t) = \kappa_s(t) \cdot R(t).$$

Dessa forma,

$$\langle N'(\alpha(t)), \alpha'(t) \rangle = -\langle N(\alpha(t)), \alpha''(t) \rangle = -\langle N(\alpha(t)), \kappa_s(t) \cdot R(t) \rangle$$
$$= -\kappa_s(t) \cdot \langle N(\alpha(t)), R(t) \rangle$$
$$= -\kappa_s(t) \cdot \cos(\theta),$$

em que θ é o ângulo formado entre os vetores normais unitários N e R. Em $t = 0$, temos

$$II_p(v) = \langle N(p), \alpha''(0) \rangle = -\kappa_s(0) \cdot \cos(\theta).$$

Por outro lado, como $I_p(v) = 1$

$$\kappa_n(v) = \frac{II_p}{I_p}(v) = II_p(v) = -\kappa_s(0) \cdot \cos(\theta),$$

isto é, se $v \in T_pS$ é unitário, N é o vetor unitário normal a S em p e R é o vetor unitário normal a α em p:

$$\kappa_n = \kappa_s \cdot \langle N, R \rangle = \kappa_s \cdot \cos(\theta), \ \theta = \widehat{NR}.$$

Geometricamente, κ_n é o tamanho da projeção do vetor $\kappa_s \cdot R$ sobre o vetor normal a S em p, em que o sinal é dado pela orientação.

Agora, sobre a segunda forma fundamental, se $v \in T_pS$ é um vetor unitário, por resultados de álgebra linear, podemos reescrever v na seguinte decomposição

$$v = v_1 \cdot \cos(\theta) + v_2 \cdot \text{sen}(\theta).$$

Assim,

$$II_p(v) = II_p\big(v_1 \cdot \cos(\theta) + v_2 \cdot \text{sen}(\theta)\big) = \kappa_1 \cdot \cos^2(\theta) + \kappa_2 \cdot \text{sen}^2(\theta),$$

em que κ_1 e κ_2 são os autovalores da matriz $[dN_p]_{\{v_1,v_2\}}$. Na literatura, essa fórmula é conhecida como *fórmula de Euler*.

Vamos finalizar esta seção com mais uma curvatura: a curvatura geodésica. Se α é uma curva unitária em uma superfície regular e orientada S, então α'' é perpendicular a α', que, por sua vez, é perpendicular a N (vetor unitário normal a S e a $N \times \alpha'$). Assim, podemos decompor α'' como

$$\alpha'' = \kappa_n \cdot N + \kappa_g \cdot (N \times \alpha'),$$

em que κ_n é a curvatura normal e κ_g é a nova curvatura que estamos buscando.

Definição 3.7
O escalar κ_g na relação anterior é chamado de *curvatura geodésica* da curva α.

No decorrer dos próximos capítulos, veremos outras formulações dessa curvatura.

3.4 Transformações conformes e equiareais

Até o momento, aprendemos várias propriedades de curvas em superfícies, como medir sua área. Vejamos, agora, as relações entre ângulos e funções que os preservam.

Sejam α e β duas curvas em uma superfície regular orientada S, cuja interseção é o ponto p. O ângulo θ entre essas curvas pode ser encontrado por meio do ângulo entre os vetores tangentes de α' e de β', calculados no ponto t_0 argumento da interseção. Isto é, em t_0,

$$\cos(\theta) = \frac{\langle \alpha', \beta' \rangle}{\|\alpha'\| \cdot \|\beta'\|}.$$

Agora, vejamos como transcrever essas informações com o auxílio das cartas de parametrização. Suponhamos que ϕ é uma parametrização de S tal que as curvas estejam nessa carta, isto é,

$$\alpha(t) = \phi\big(u(t), v(t)\big) \text{ e } \beta(t) = \phi\big(\overline{u}(t), \overline{v}(t)\big).$$

Utilizando a primeira forma fundamental e as relações anteriores, obtemos

$$\cos(\theta) = \frac{E \cdot u' \cdot \overline{u}' + F \cdot (u' \cdot \overline{v}' + \overline{u}' \cdot v') + G \cdot (v' \cdot \overline{v}')}{\left(E \cdot (u')^2 + 2 \cdot F \cdot u' \cdot v' + G \cdot (v')^2\right)^{\frac{1}{2}} \cdot \left(E \cdot (\overline{u}')^2 + 2 \cdot F \cdot \overline{u}' \cdot \overline{v}' + G \cdot (\overline{v}')^2\right)^{\frac{1}{2}}}$$

Definição 3.8
Um difeomorfismo local entre superfícies regulares $f: S_1 \to S_2$ é conforme se o ângulo θ formado pelas curvas regulares α_1 e β_1, em S_1, no ponto de interseção $p \in S_1$ é mantido pela imagem de f, isto é, o ângulo em $f(p)$ pelas curvas $\alpha_2 = f(\alpha_1)$ e $\beta_2 = f(\beta_1)$ é θ.

Observação 3.6
Quando uma parametrização de uma superfície é uma função conforme, dizemos que a parametrização é *conforme*. Em especial, podemos mostrar que toda superfície admite parametrizações conformes.

O próximo teorema garantirá uma condição necessária e suficiente para que um difeomorfismo seja uma aplicação conforme, deixando claro que nem todos os difeomorfismos preservam ângulos entre os vetores dos espaços tangentes do domínio e do contradomínio.

Teorema 3.1
Um difeomorfismo local entre superfícies regulares $f: S_1 \to S_2$ é conforme se, e somente se, existir uma função $\lambda: S_1 \to \mathbb{R}$ suave tal que

$$\left\langle df_p(v), df_p(w) \right\rangle_{f(p)} = \lambda(p) \cdot \langle v, w \rangle_p, \quad \forall p \in S_1, \; \forall v, w \in T_p S_1.$$

Demonstração

Sejam α e β duas curvas em S_1 com interseção em p. O ângulo θ formado pela interseção das curvas é dado por

$$\cos(\theta) = \frac{\langle \alpha', \beta' \rangle}{\|\alpha'\| \cdot \|\beta'\|}$$

Substituindo α' por $(f \circ \alpha)'$ e β por $(f \circ \beta)'$, obtemos o ângulo formado pela imagem das curvas por f:

$$\cos(\theta) = \frac{\langle (f \circ \alpha)', (f \circ \beta)' \rangle}{\|(f \circ \alpha)'\| \cdot \|(f \circ \beta)'\|}.$$

Agora, note que

$$\langle (f \circ \alpha)', (f \circ \beta)' \rangle_{f(p)} = \langle df_p(\alpha'), df_p(\beta') \rangle$$
$$\langle (f \circ \alpha)', (f \circ \alpha)' \rangle_{f(p)} = \langle df_p(\alpha'), df_p(\alpha') \rangle$$
$$\langle (f \circ \beta)', (f \circ \beta)' \rangle_{f(p)} = \langle df_p(\beta'), df_p(\beta') \rangle$$

Então, se supomos

$$\langle df_p(v), df_p(w) \rangle_{f(p)} = \lambda(p) \cdot \langle v, w \rangle_p, \forall p \in S_1, \forall v, w \in T_p S_1$$

e utilizamos as igualdades anteriores na fórmula de $\cos(\theta)$, temos

$$\cos(\theta) = \cos(\theta)$$

Portanto, f é conforme.

Para provarmos o outro lado da implicação, devemos mostrar que se

$$\frac{\langle \alpha', \beta' \rangle}{\|\alpha'\| \cdot \|\beta'\|} = \frac{\langle df(\alpha'), df(\beta') \rangle}{\|df(\alpha')\| \cdot \|df(\beta')\|}$$

é válido para todos os pares de curvas α e β em S_1 que se intersectam, então, o lado direito da igualdade é proporcional ao produto interno. Como cada vetor tangente de S_1 é vetor tangente de uma curva em S_1, temos, para quaisquer pares no espaço tangente de S_1,

$$\frac{\langle v, w \rangle}{\|v\| \cdot \|w\|} = \frac{\langle df(v), df(w) \rangle}{\|df(v)\| \cdot \|df(w)\|}.$$

Escolhida uma base ortogonal $\{v_1, v_2\}$ do espaço tangente de S_1:

$$\lambda \doteq \langle df(v_1), df(v_1)\rangle$$
$$\mu \doteq \langle df(v_1), df(v_2)\rangle$$
$$\nu \doteq \langle df(v_2), df(v_2)\rangle.$$

Utilizando a relação anterior para $v = v_1$ e $w = v_1 \cdot \cos(\theta) + v_2 \cdot \operatorname{sen}(\theta)$, com $\theta \in \mathbb{R}$, temos

$$\cos(\theta) = \frac{\lambda \cdot \cos(\theta) + \mu \cdot \operatorname{sen}(\theta)}{\left[\lambda(\lambda \cdot \cos^2(\theta) + 2 \cdot \mu \cdot \operatorname{sen}(\theta) \cdot \cos(\theta) + \nu \cdot \operatorname{sen}^2(\theta))\right]^{\frac{1}{2}}}.$$

Tomando $\theta = \frac{\pi}{2}$ e $\mu = 0$, temos

$$\lambda = \lambda \cdot \cos^2(\theta) + \nu \cdot \operatorname{sen}^2(\theta), \ \forall \theta \in \mathbb{R} \Rightarrow \lambda = \nu.$$

Portanto, vale que

$\langle df(v), df(w)\rangle = \lambda \langle v, w\rangle.$

Em termos de parametrizações, o resultado anterior nos diz que um difeomorfismo local $f: S_1 \to S_2$ é conforme se, e somente se, as primeiras formas fundamentais associadas às parametrizações ϕ de S_1 e $f \circ \phi$ de S_2 forem proporcionais.

Exemplo 3.3
1. A projeção estereográfica da esfera no plano $f: \mathbb{S}^2 \to \mathbb{R}^2$ dada por

$$f(x, y, z) = \left(\frac{x}{1-z}, \frac{y}{1-z}\right)$$

é conforme.

Figura 3.2 – Projeção estereográfica

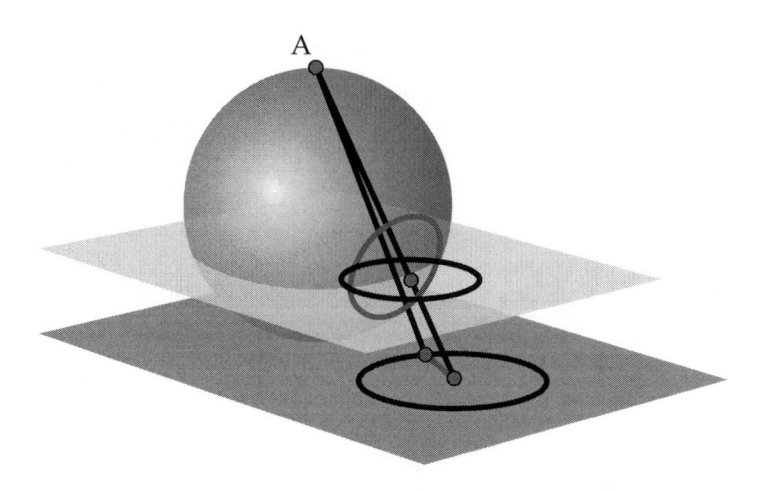

2. A projeção de Mercartor $f: (0, 2\pi) \times (0, \pi) \to \mathbb{S}^2$ dada por

$$f(x, y) = \big(\operatorname{sen}(y) \cdot \cos(x), \operatorname{sen}(y) \cdot \operatorname{sen}(x), \cos(y)\big)$$

é conforme.

Figura 3.3 – Projeção de Mercator

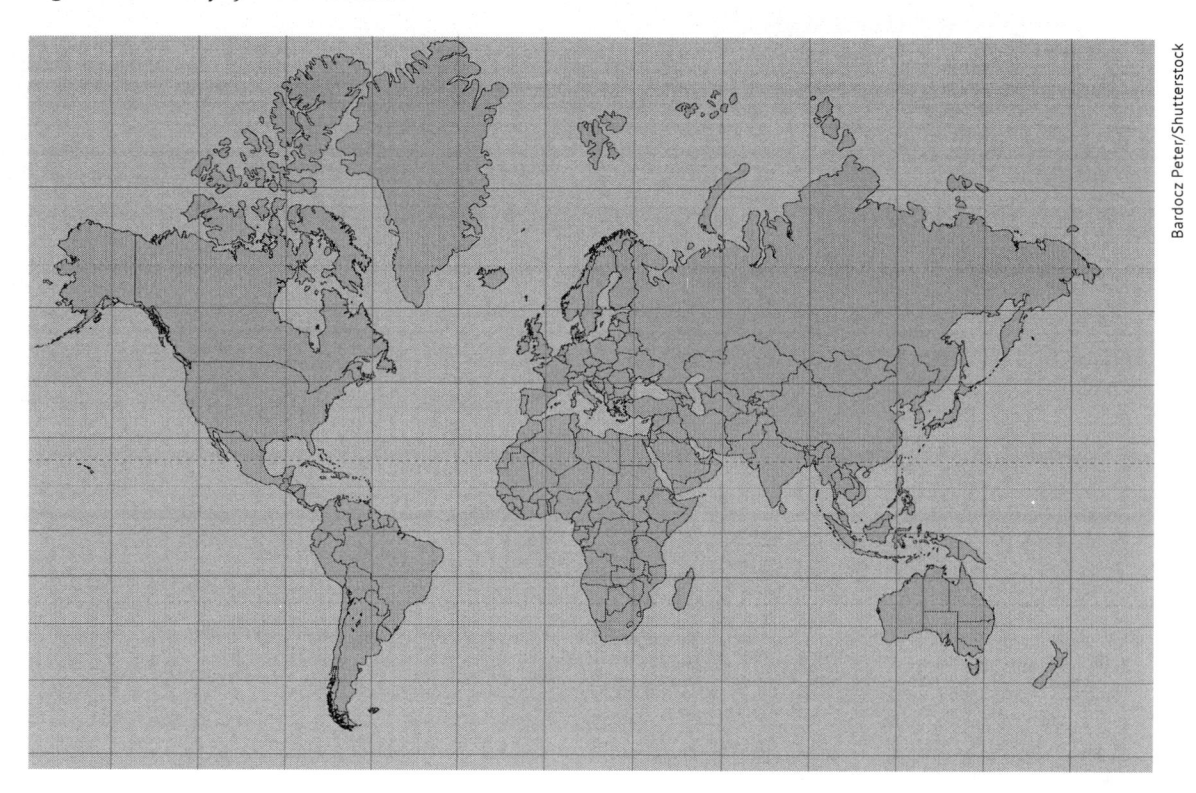

Estudamos até aqui relações entre ângulos e funções que os preservam. Agora, vejamos algo similar para áreas. Lembre-se de que, na primeira seção, aprendemos como calcular áreas de superfícies utilizando a primeira forma fundamental.

Definição 3.9

Um difeomorfismo local entre superfícies regulares orientadas $f: S_1 \to S_2$ é equiareal se a área de qualquer região R (pequena o suficiente para não sair da parametrização) em S_1 coincide com a área da região $f(R)$ em S_2.

Na primeira seção, vimos que, para calcular a área de uma região, precisamos calcular a seguinte integral, em termos da primeira forma fundamental de $\phi(u, v)$, uma parametrização de S:

$$\iint \sqrt{E \cdot G - F^2}\, du\, dv.$$

Utilizando essa caracterização de área, podemos facilmente demonstrar o resultado a seguir:

Proposição 3.6

Um difeomorfismo local entre superfícies regulares orientadas $f: S_1 \to S_2$ é equiareal se, e somente se, para qualquer parametrização $\phi(u, v)$ de S_1, as formas fundamentais

$$E_1 \cdot du^2 + 2 \cdot F_1 \cdot du \cdot dv + G_1 \cdot dv^2 \text{ de } \phi \text{ em } S_1$$
$$E_2 \cdot du^2 + 2 \cdot F_2 \cdot du \cdot dv + G_2 \cdot dv^2 \text{ de} (f \circ \phi) \text{ em } S_1$$

satisfazem

$$E_1 \cdot G_1 - F_1^2 = E_2 \cdot G_2 - F_2^2.$$

Exemplo 3.4

A função

$$f: S_1 \doteq \mathbb{S}^2 \setminus \{(0,0,\pm 1)\} \to S_2 \doteq \{(x, y, z) \in \mathbb{R}^3;\ x^2 + y^2 = 1 \text{ e} -1 < z < 1\}$$

dada por

$$f(x, y, z) = \left(\frac{x}{(x^2 + y^2)^{\frac{1}{2}}}, \frac{y}{(x^2 + y^2)^{\frac{1}{2}}}, z \right),$$

chamada de *função de Arquimedes*, é equiareal.

Para vermos isso, tomando a parametrização de S_1

$$\phi_1(u, v) = (\cos(u) \cdot \cos(v), \cos(u) \cdot \text{sen}(v), \text{sen}(u)),$$

temos que

$$\phi_2(u, v) \doteq (f \circ \phi_1)(u, v) = (\cos(v), \text{sen}(v), \text{sen}(u))$$

é uma carta de S_2. Agora, calculando suas primeiras formas fundamentais, encontramos

$$E_1 = 1, F_1 = 0, G_1 = \cos^2(u)$$
$$E_2 = \cos^2(u), F_2 = 0, G_2 = 1.$$

Portanto, pela proposição anterior, temos que f é equireal.

Observação 3.7
Para que duas superfícies sejam difeomorfas, todas as suas estruturas e propriedades devem ser mantidas. Então, é de se esperar que ângulos entre curvas sejam iguais e também áreas de regiões.

Síntese
Neste capítulo, desenvolvemos a teoria das formas fundamentais. Por meio delas, é possível estudar várias propriedades intrínsecas das superfícies, além de calcular curvaturas, comprimentos de arcos e áreas, tendo como ponto de vista apenas a superfície, e não o ambiente do qual ela faz parte. O estudo das formas fundamentais é muito importante e nos acompanhará até o final desta obra.

Atividades de autoavaliação

1) Calcule a primeira forma fundamental das seguintes superfícies:
   a. $\phi(u, v) = \alpha(u) + v \cdot x$, em que $\alpha(u)$ é uma curva de norma 1
   b. $\phi(u, v) = (1 + v) \cdot \alpha(u) - v \cdot x$
   c. $\phi(u, v) = (\text{sen}h(u)\,\text{sen}h(v), \text{sen}h(u) \cdot \cosh(v), \text{sen}h(u))$
   d. $\phi(u, v) = (u - v, u + v, u^2 + v^2)$
   e. $\phi(u, v) = (u, v, u^2 + v^2)$

2) Calcule a segunda forma fundamental das superfícies:

a. $\phi(u, v) = (\cos(u) \cdot \cos(v), \cos(u) \cdot \text{sen}(v), \text{sen}(v))$

b. $\phi(u, v) = (\cos(v), u \cdot \text{sen}(v), u)$

c. $\phi(u, v) = (u, v, u^2 + v^2)$

3) Dada uma superfície regular parametrizada por $\phi(u, v)$, um ponto $q = (u_0, v_0)$ é classificado conforme o sinal de curvatura gaussiana e média da seguinte forma:

I. Elíptico se $H(q) < 0$

II. Hiperbólico se $H(q) < 0$

III. Parabólico se $K(q)$ e $H(q) \neq 0$

IV. Planar se $K(q) = H(q) = 0$

Classifique os pontos das seguintes superfícies:

a. Plano

b. Esfera

c. Paraboloide hiperbólico

d. Cilindro

e. Toro (como superfície de revolução)

4) Mostre que toda isometria local é uma função conforme. Dê um exemplo de uma função conforme que não é uma isometria local.

5) Mostre que toda isometria local é equiareal.

6) Seja $\phi(u, v)$ uma parametrização com vetor normal unitário N, então, valem as igualdades

$$N \times \phi_u = \frac{E \cdot \phi_v - F \cdot \phi_u}{\sqrt{E \cdot G - F^2}} \text{ e } N \times \phi_v = \frac{F \cdot \phi_v - G \cdot \phi_v}{\sqrt{E \cdot G - F^2}} \text{ ?}$$

7) Classifique as sentenças a seguir como verdadeiras (V) ou falsas (F):

( ) Se $f: \mathbb{R}^2 \to \mathbb{R}$ é uma função da classe C^2, a função $\phi: \mathbb{R}^2 \to \mathbb{R}^3$ dada por $\phi(u, v) = (u, v, f(u, v))$ é tal que $E_u = (f'')^2$

( ) O valor $\iint_{\bar{D}} \| \phi_u \times \phi_v \|$ independe de parametrizações.

( ) Se $E = 0$, então $\langle \phi_{uv}, \phi_u \rangle = 0$.

( ) As primeiras formas fundamentais distinguem o plano de um cilindro.

( ) Se D é um conjunto fechado limitado com interior homeomorfo a um disco, então, podemos obter $A(D) = 0$.

8) Classifique as sentenças a seguir como verdadeiras (V) ou falsas (F):
   ( ) Temos que $E = F = G$.
   ( ) $II_p(v) = \langle N(p), \alpha''(0) \rangle$ depende da curva α escolhida.
   ( ) A transformação dN_p linear é tal que $\langle dN_p(v), v \rangle = 0$ para cada $v \in T_pS$.
   ( ) A matriz de dN_p sempre é antissimétrica.
   ( ) A forma II_p pode ser escrita em função de $e(u, v)$, $f(u, v)$ e $g(u, v)$.

9) Classifique as sentenças a seguir como verdadeiras (V) ou falsas (F):
   ( ) Sempre é válido que $K(p) + H(p) \geq 0$.
   ( ) Se $K(p) > 0$, então N não preserva orientação.
   ( ) A matriz de dN_p não é diagonalizável.
   ( ) A curvatura $K(p)$ é não negativa para qualquer p.
   ( ) $\lim_{D \to p} \frac{A(N\phi(D))}{A(\phi(D))} < 0$ para cada p.

10) Classifique as sentenças a seguir como verdadeiras (V) ou falsas (F):
    ( ) Todo difeomorfismo local é uma aplicação conforme.
    ( ) Existe uma superfície regular que não admite parametrização conforme.
    ( ) A aplicação $(\cos x, \operatorname{sen} x, e^y) \mapsto (\cos x, \operatorname{sen} x, 0)$ é conforme.
    ( ) Aplicações lineares entre subespaços vetoriais de dimensão 2 de $\mathbb{R}^3$ são aplicações conformes.
    ( ) Se $f: S_1 \to S_2$ é um difeomorfismo e não existe $\lambda: S_1 \to \mathbb{R}$ tal que $\langle df_p(v), df_p(w) \rangle_{f(p)} = \lambda(p) \cdot \langle v, w \rangle_p$, então f não é conforme.

11) Classifique as sentenças a seguir como verdadeiras (V) ou falsas (F):
    ( ) Sempre é válido que $E + G + 2F \leq 0$
    ( ) Não podem ocorrer $E = 1$, $G = 1$ e $F = 2$ simultaneamente.
    ( ) Sempre é válido que $F^2 \geq E \cdot G$
    ( ) Não pode ocorrer $G = 1$
    ( ) Não pode ocorrer $E - G = 0$

Atividades de aprendizagem

Questões para reflexão

1) Mostre que a curvatura H em $p \in S$ é dada por: $H = \frac{1}{\pi} \cdot \int_0^\pi \kappa_n(\theta)\, d\theta$, em que κ_n é a curvatura normal de p ao longo da direção fazendo ângulo θ com uma direção fixa.

2) Verifique que a superfície definida por $\phi(u, v) = (u - \frac{u^3}{3} + u \cdot v^2,\ u^2 - v^2)$ é conforme.

Atividade aplicada: prática

1) Seja α uma curva regular em uma superfície regular, mostre que
   a. $\kappa_n = \langle \alpha'', N \rangle$
   b. $\kappa_g = \langle \alpha'', N \times \alpha' \rangle$
   c. $\kappa_s^2 = \kappa_n^2 + \kappa_g^2$
   d. $\kappa_n = \kappa_s \cdot \cos(\theta)$
   e. $\kappa_g = \pm\kappa_s \cdot \text{sen}(\theta)$

Neste capítulo e no próximo, vamos analisar conceitos intrínsecos às superfícies. Nossa intenção é mostrar que alguns resultados e conceitos relacionados às superfícies não dependem do ambiente no qual elas se encontram. Isso quer dizer que propriedades podem ser deduzidas se considerados apenas dados da superfície.

Na geometria euclidiana usual, construímos vários resultados e teorias nos embasando-nos no conceito da linha reta que une dois pontos. Pretendemos generalizar, tanto quanto possível, essa ideia para superfícies. O objeto que vamos estudar e cumpre o papel desejado é chamado de *geodésico*. Ao longo deste capítulo, vamos tratar de suas propriedades e aplicações.

4

Geometria intrínseca I

4.1 Geodésicas

Vamos começar definindo o principal objeto de estudo desta seção, que são as geodésicas.

Definição 4.1

Seja S uma superfície regular e $\alpha: I \to S$ uma curva regular em S. Dizemos que α é uma geodésica se, para cada $t \in I$, $\alpha''(t)$ é normal a $T_{\alpha(t)}S$.

Figura 4.1 – Geodésica em superfície

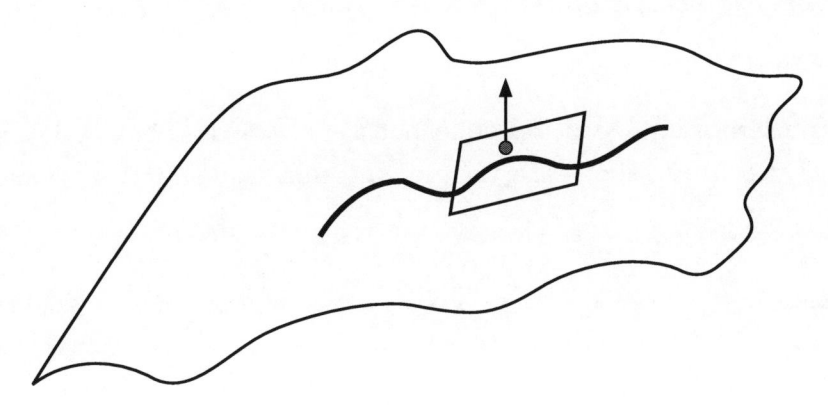

Assim, temos que, se $\alpha: I \to S$ é uma curva geodésica, então os vetores $\alpha''(t)$ e $\alpha'(t)$ são ortogonais, uma vez que $\alpha'(t) \in T_{\alpha(t)}S$, para cada $t \in I$.

Observação 4.1

1. Nas condições da definição anterior, temos que $\| \alpha'(t) \|$ é constante, pois, como α'' é normal a α, segue que

$$\frac{d}{dt} \| \alpha'(t) \|^2 = \frac{d}{dt} \langle \alpha'(t), \alpha'(t) \rangle = 2 \cdot \langle \alpha''(t), \alpha'(t) \rangle = 0.$$

2. No Capítulo 1, vimos que α'' pode ser interpretado como a aceleração da curva α e que esse vetor se decompõe em duas componentes. Assim, usando a notação a para aceleração,

$$a(t) = a^p(t) + a^\perp(t).$$

Supondo $|\alpha'(t)| = 1$, para todo $t \in I$ podemos caracterizar uma geodésica pela relação

$$a^p(t) = 0, \forall t \in I.$$

Geometricamente, isso nos diz que uma partícula, somente tendo vista a superfície, que percorre o caminho de uma geodésica não sofre efeitos da aceleração.

Podemos utilizar o triedro de Frenet para obter uma condição necessária para que uma curva parametrizada por comprimento de arco e cuja curvatura não se anule seja uma geodésica.

De fato, se $\alpha(t)$ é uma geodésica de (uma superfície regular), então os vetores $\alpha^p(t)$ e o vetor normal $\alpha^\perp(t)$ são ambos normais a superfícies. Desse modo, $\alpha^\perp(t)$ é paralelo ao vetor N, normal a S em todo ponto, isto é,

$$\alpha^\perp(t) = \pm N(u(t), v(t)).$$

Pelas equações de Frenet para curvas espaciais, temos

$$\Rightarrow \pm N'(t) = -\kappa(t) \cdot T(t) - \tau(t) \cdot B(t)$$

Podemos caracterizar uma geodésica utilizando a aplicação de Gauss, N, de uma superfície regular orientável S. Isto é, se $\alpha: I \to S$ é uma curva regular com $\|\alpha'(t)\|$ constante, então

$$(\alpha \text{ é uma geodésica}) \Leftrightarrow \left(\langle \alpha''(t), ((N \circ \alpha) \times \alpha')(t) \rangle = 0 = \forall t \in I\right).$$

De fato, supondo α uma geodésica, pela observação anterior, segue a igualdade presente no lado direito. Suponhamos que seja válida a igualdade. Como, por hipótese, $\|\alpha'(t)\|$ é constante, então $\|\alpha'(t)\|' \equiv 0$. Daí segue que $\alpha'(t)$ é ortogonal a $\alpha''(t)$. Pela igualdade, vemos que $\{\alpha'(t), ((N \circ \alpha) \times \alpha')(t), (N \circ \alpha)(t)\}$ é uma base ortogonal de $\mathbb{R}^3$. Portanto, os vetores $\alpha''(t)$ e $(N \circ \alpha)(t)$ são paralelos, o que implica que é uma geodésica.

Uma questão importante que provaremos logo adiante é o Teorema 4.1.

Teorema 4.1

Seja S uma superfície regular, $p \in S$ e $v \in T_pS$ com $\|v\| \neq 0$. Então, existe $\varepsilon > 0$, que depende de p e $\|v\|$, tal que existe uma única geodésica $\alpha v: (-\varepsilon, \varepsilon) \to S$ com $\alpha_v(0) = p$ e $\alpha'_v(0) = v$.

Exemplo 4.1

1. Seja α uma curva regular em $\mathbb{R}^2$. Note que $\alpha''(t) \in \mathbb{R}^2$. Então, $\alpha''(t)$ é normal a $\mathbb{R}^2$ se, e somente se, $\alpha''(t) = 0$. Isso significa que as geodésicas no plano são exatamente as linhas retas (como esperávamos).

2. Vamos definir $S = \mathbb{R}^2 \setminus \{(0, 0)\}$. Esse conjunto é uma superfície regular cujas geodésicas são retas. Note que, em S,
   - não existe uma geodésica entre os pontos $(-x, 0)$ e $(x, 0)$ para qualquer $x > 0$. Caso existisse, deveria ser uma reta passando pela origem.
   - o maior ε que pode ser escolhido no teorema da existência e unicidade é $\varepsilon = \|x\|$, o que faz com que evitemos a origem.

3. Seja $\mathbb{S}^2$ a esfera. Dados $p \in \mathbb{S}^2$ e $v \in T_p\mathbb{S}^2$ vamos definir $\alpha \colon \mathbb{R} \to \mathbb{S}^2$ por
   $$\alpha(t) = \cos(t) \cdot p + \operatorname{sen}(t) \cdot v.$$
   Note que
   $$\begin{cases} \alpha'(t) = -\operatorname{sen}(t) \cdot p + \cos(t) \cdot v \\ \alpha''(t) = -\cos(t) \cdot p - \operatorname{sen}(t) \cdot v. \end{cases}$$

   Vimos anteriormente que um campo normal na esfera é dado por $N(p) = p$. Como
   $N(\alpha(t)) = \alpha(t) = \cos(t) \cdot p + \operatorname{sen}(t) \cdot v \Rightarrow \alpha''(t) = -N(\alpha(t))$;
   logo, α é uma geodésica em $\mathbb{S}^2$. Vemos, assim, que, na esfera, as geodésicas são os grandes círculos.

Figura 4.2 – Geodésicas na esfera

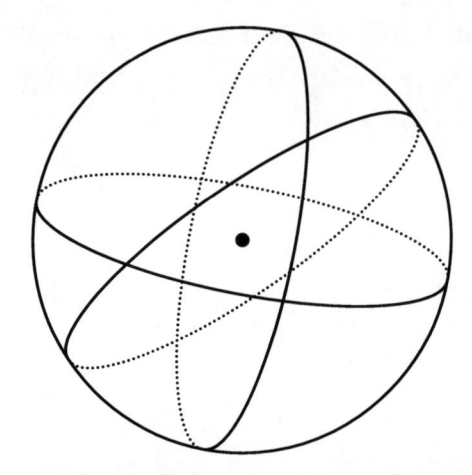

Seja $f(x, y, z) = x^2 + y^2$ e considerando a superfície $C \doteq f^{-1}(1)$, isto é, C é o cilindro reto. Então, um campo normal em C é dado por $N(x, y, z) = (x, y, 0)$. Definindo a hélice
$\alpha(t) = (\cos(t), \operatorname{sen}(t), c \cdot t)$,

temos

$\alpha''(t) = -N(\alpha(t))$.

Portanto α, é uma geodésica em C. Mas essas não são as únicas geodésicas no cilindro. Observe que as retas paralelas ao eixo Oz também são geodésicas, bem como os círculos contidos em planos paralelos ao plano Oxy.

Figura 4.3 – Hélices como geodésicas no cilindro

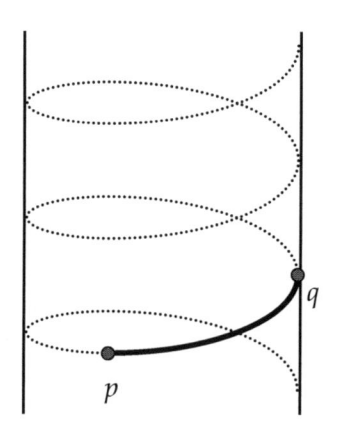

4.2 Símbolos de Christoffel

Vamos considerar S uma superfície regular orientável com campo normal unitário N e parametrização $\phi: U \subset \mathbb{R}^2 \to V \subset S$, compatível com N.

No estudo feito no Capítulo 1, usamos um triedro formado pelos vetores: normal, tangente e binormal da curva. Agora, vamos fazer algo parecido para superfícies com os vetores ϕ_u, ϕ_v e N, isto é, vamos escrever ϕ_{uu}, ϕ_{uv}, ϕ_{vv}, N_u e N_v na base $\{\phi_u, \phi_v, N\}$. Essas ideias nos levam aos chamados *símbolos de Christoffel*.

Definição 4.2

Os símbolos de Christoffel são funções $\Gamma^k_{ij}: U \to \mathbb{R}$, para $i, j, k \in \{1, 2\}$, tais que, para todos os pontos de U, temos

$$\begin{cases} \phi_{uu} = \Gamma^1_{11} \cdot \phi_u + \Gamma^2_{11} \cdot \phi_v + a_{11} \cdot N \\ \phi_{uv} = \Gamma^1_{12} \cdot \phi_u + \Gamma^2_{12} \cdot \phi_v + a_{12} \cdot N \\ \phi_{vu} = \Gamma^1_{21} \cdot \phi_u + \Gamma^2_{21} \cdot \phi_v + \overline{a}_{12} \cdot N \\ \phi_{vv} = \Gamma^1_{22} \cdot \phi_u + \Gamma^2_{22} \cdot \phi_v + a_{22} \cdot N. \end{cases}$$

Em um primeiro momento, essas equações assustam, em primeiro lugar, em razão dos coeficientes a_{ij} que desconhecemos. Entretanto, observe que:

I. Realizando o produto interno de cada linha com o vetor N, encontramos os termos desconhecidos. Por exemplo, da primeira equação, temos

$$\langle \phi_{uu}, N \rangle = \Gamma_{11}^1 \cdot \langle \phi_u, N \rangle + \Gamma_{11}^2 \cdot \langle \phi_v, N \rangle + a_{11} \cdot \langle N, N \rangle = a_{11}$$
$$\Rightarrow a_{11} = \langle \phi_{uu}, N \rangle = e$$

em que e é o coeficiente da segunda forma fundamental de S.
Analogamente, encontramos

$$a_{12} = \bar{a}_{12} = f \text{ e } a_{22} = g.$$

II. Por continuidade das derivadas primeiras, os termos cruzados de ϕ são iguais. Dessa forma,

$$\Gamma_{21}^1 = \Gamma_{12}^1 \text{ e } \Gamma_{21}^2 = \Gamma_{12}^2.$$

Dizemos que os símbolos de Christoffel são simétricos nos índices inferiores.
Eles podem ser escritos somente em função dos coeficientes da primeira forma fundamental, ou seja, utilizando E, F e G. Para verificarmos esse fato, podemos fazer o produto interno entre cada equação e os termos ϕ_u e ϕ_v. Por exemplo,

$$\langle \phi_{uu}, \phi_u \rangle = \Gamma_{11}^1 \cdot \langle \phi_u, \phi_u \rangle + \Gamma_{11}^2 \cdot \langle \phi_v, \phi_u \rangle + e \cdot \langle N, \phi_u \rangle = \Gamma_{11}^1 \cdot E + \Gamma_{11}^2 \cdot F.$$

Procedendo da mesma forma para as outras equações e utilizando resultados do capítulo anterior, encontramos:

$$\begin{cases} \langle \phi_{uu}, \phi_u \rangle = \Gamma_{11}^1 \cdot E + \Gamma_{11}^2 \cdot F = \frac{1}{2} \cdot E_u \\ \langle \phi_{uu}, \phi_v \rangle = \Gamma_{11}^1 \cdot F + \Gamma_{11}^2 \cdot G = F_u - \frac{1}{2} \cdot E_v; \end{cases}$$

$$\begin{cases} \langle \phi_{vu}, \phi_u \rangle = \Gamma_{12}^1 \cdot E + \Gamma_{12}^2 \cdot F = \frac{1}{2} \cdot E_v \\ \langle \phi_{vu}, \phi_v \rangle = \Gamma_{12}^1 \cdot F + \Gamma_{12}^2 \cdot G = \frac{1}{2} \cdot G_u; \end{cases}$$

$$\begin{cases} \langle \phi_{vv}, \phi_u \rangle = \Gamma_{21}^1 \cdot E + \Gamma_{22}^2 \cdot F = F_v - \frac{1}{2} \cdot G_u \\ \langle \phi_{vv}, \phi_v \rangle = \Gamma_{21}^1 \cdot F + \Gamma_{22}^2 \cdot G = \frac{1}{2} \cdot G_v. \end{cases}$$

Note que todos esses sistemas são independentes e podem ser associados a uma matriz simétrica da seguinte forma:

$$\begin{bmatrix} \langle \phi_{x_j x_i}, \phi_{x_i} \rangle \\ \langle \phi_{x_j x_i}, \phi x_j \rangle \end{bmatrix} = \begin{bmatrix} E & F \\ F & G \end{bmatrix} \begin{bmatrix} \Gamma^1_{ij} \\ \Gamma^2_{ij} \end{bmatrix},$$

em que $x_1 = u$ e $x_2 = v$.

Para resolvê-los, podemos calcular a inversa dessa matriz. Desse modo, se temos que

$$d = \det \begin{bmatrix} E & F \\ F & G \end{bmatrix},$$

segue que

$$\begin{cases} \Gamma^1_{11} = \dfrac{G \cdot E_u - 2 \cdot F \cdot F_u + F \cdot E_v}{2 \cdot d} & \Gamma^2_{11} = \dfrac{2 \cdot E \cdot F_u - E \cdot E_v - F \cdot E_u}{2 \cdot d} \\ \Gamma^1_{12} = \dfrac{G \cdot E_v - F \cdot G_u}{2 \cdot d} & \Gamma^2_{12} = \dfrac{E \cdot G_u - F \cdot E_v}{2 \cdot d} \\ \Gamma^2_{22} = \dfrac{2 \cdot G \cdot F_v - G \cdot G_u - F \cdot G_v}{2 \cdot d} & \Gamma^2_{22} = \dfrac{E \cdot G_v - 2 \cdot F \cdot F_v + F \cdot G_u}{2 \cdot d} \end{cases}$$

Desse conjunto de equações podemos ver que os símbolos de Christoffel dependem apenas da primeira forma fundamental. Então, constatamos que os símbolos são intrínsecos à superfície, ou seja, dependem apenas da superfície, e não há necessidade de usarmos o vetor normal unitário em sua definição.

Com os resultados aprendidos nesta discussão, podemos deduzir uma condição necessária e suficiente (envolvendo símbolos) para que uma curva seja uma geodésica.

Proposição 4.1

Uma curva regular $\alpha(t) = (u(t), v(t))$ em $V \subset S$, em que V é um aberto da superfície regular S, é uma geodésica se, e somente se,

$$\begin{cases} u'' + (u')^2 \cdot \Gamma^1_{11} + 2 \cdot u' \cdot v' \cdot \Gamma^1_{12} + (v')^2 \cdot \Gamma^1_{22} = 0 \\ v'' + (u')^2 \cdot \Gamma^2_{11} + 2 \cdot u' \cdot v' \cdot \Gamma^2_{12} + (v')^2 \cdot \Gamma^2_{22} = 0 \end{cases} \cdot (\star)$$

Demonstração

Seja α como no enunciado e ϕ parametrização de S. Como $\alpha'(t) \in T_{\alpha(t)}S$, podemos escrever α' em função da base $\{\phi_u, \phi_v\}$ de $T_{\alpha(t)}S$ da seguinte forma:

$$\alpha' = u' \cdot \phi_u + v' \cdot \phi_v$$
$$\Rightarrow \alpha'' = u'' \cdot \phi_u + (u')^2 \cdot \phi_{uu} + u' \cdot v' \cdot \phi_{uv} + v'' \cdot \phi_v + u' \cdot v' \cdot \phi_{vu} + (v')^2 \phi_{vv}$$
$$= u'' \cdot \phi_u + (u')^2 \cdot \phi_{uu} + 2 \cdot u' \cdot v' \cdot \phi_{uv} + v'' \cdot \phi_v + (v')^2 \phi_{vv}.$$

Utilizando as equações dos símbolos de Christoffel em α'',

$$\alpha'' = u'' \cdot \phi_u + (u')^2 \cdot (\Gamma^1_{11} \cdot \phi_u + \Gamma^2_{11} \cdot \phi_v + e \cdot N) +$$
$$+ 2 \cdot u' \cdot v' \cdot (\Gamma^1_{12} \cdot \phi_u + \Gamma^2_{12} \cdot \phi_v + f \cdot N) +$$
$$+ (v')^2 \cdot (\Gamma^1_{22} \cdot \phi_u + \Gamma^2_{22} \cdot \phi_v + g \cdot N) + v'' \cdot \phi_v$$
$$= \left[u'' + (u')^2 \cdot \Gamma^1_{11} + 2 \cdot u' \cdot v' \cdot \Gamma^1_{12} + (v')^2 \cdot \Gamma^1_{22} \right] \cdot \phi_u +$$
$$+ \left[(u')^2 \Gamma^2_{11} + 2 \cdot u' \cdot v' \cdot \Gamma^2_{12} + (v')^2 \cdot \Gamma^2_{22} + v'' \right] \cdot \phi_v +$$
$$+ \left[(u')^2 \cdot e + 2 \cdot u' \cdot v' \cdot f + (v')^2 \cdot g \right] \cdot N.$$

Por definição, α é uma geodésica se, e somente se, α'' não tiver a componente tangente à curva, ou seja, devemos ter os coeficientes de ϕ_u e ϕ_v nulos na equação anterior.

Portanto, α é uma geodésica se, e somente se, valer o sistema do enunciado. ∎

Uma decorrência direta desse teorema é que as geodésicas são intrínsecas às superfícies.

Como aplicação do teorema, podemos provar a existência e a unicidade das geodésicas, pois podemos reduzir o sistema (⋆) de equações diferenciais de segunda ordem a um sistema de primeira ordem; para tanto, fazemos a substituição

$$x \doteq u' \text{ e } y \doteq v'.$$

Assim, (⋆) torna-se

$$\begin{cases} x' = -\left(\Gamma^1_{11} \cdot x^2 + 2 \cdot \Gamma^1_{12} \cdot x \cdot y + \Gamma^1_{22} \cdot y^2 \right) \\ y' = -\left(\Gamma^2_{11} \cdot x^2 + 2 \cdot \Gamma^2_{12} \cdot x \cdot y + \Gamma^2_{22} \cdot y^2 \right) \end{cases}$$

cujas existência e unicidade são garantidas pela teoria de equações diferenciais ordinárias.

Exemplo 4.2

1. Se S é um plano com parametrização $\phi(u, v) = p_0 + u \cdot x + v \cdot y$, com x e y vetores ortogonais. Então, seus coeficientes da primeira forma fundamental são
   $E = 1 = G$ e $F = 0$.
   Portanto, os símbolos de Christoffel são todos nulos. Assim, das equações das geodésicas, temos
   $$u'' = v'' = 0 \Rightarrow \begin{cases} u = u_0 + v \cdot t \\ v = v_0 + w \cdot t \end{cases}.$$

   Então, concluímos que as geodésicas de um plano são apenas as retas.

2. A esfera $\mathbb{S}^2$, o toro $T = \mathbb{S}^1 \times \mathbb{S}^1$ e um cilindro podem ser vistos como superfícies de revolução em $\mathbb{R}^3$. Para estudarmos suas geodésicas, vamos fazer algo mais geral e realizar uma análise para qualquer superfície de revolução.
   Seja S uma superfície de revolução cuja parametrização é
   $\phi(u, v) = (f(v) \cdot \cos(u), f(v) \cdot \text{sen}(u), g(v))$.
   Seus coeficientes da primeira forma fundamental são
   $E = \langle \phi_u, \phi_u \rangle = f^2 \Rightarrow E_u = 0$ e $E_v = 2 \cdot f \cdot f'$
   $F = \langle \phi_u, \phi_v \rangle = 0 \Rightarrow F_u = F_v = 0$
   $G = \langle \phi_v, \phi_v \rangle = (f')^2 + (g')^2 \Rightarrow G_u = 0$ e $G_v = 2 \cdot (f' \cdot f'' + g' \cdot g'')$.
   Assim,
   $d = E \cdot G - F^2 = f^2 \cdot [(f')^2 + (g')^2]$.
   Seus símbolos de Christoffel não nulos são apenas

   $$\Gamma^1_{12} = \Gamma^1_{21} = \frac{G \cdot E_v}{2 \cdot d} = -\frac{f'}{f}$$

   $$\Gamma^2_{11} = -\frac{E \cdot E_v}{2 \cdot d} = -\frac{f \cdot f'}{(f')^2 + (g')^2}$$

   $$\Gamma^2_{22} = \frac{E \cdot G_v}{2 \cdot d} = \frac{f' \cdot f'' + g' \cdot g''}{(f')^2 + (g')^2}.$$

   Então, as geodésicas em S são dadas por
   $$\begin{cases} u'' + 2 \cdot u' \cdot v' \cdot \Gamma^1_{12} = 0 \\ v'' + (u')^2 \cdot \Gamma^2_{11} + (v')^2 \cdot \Gamma^2_{22} = 0 \end{cases}$$
   $$= \begin{cases} u'' + 2 \cdot u' \cdot v' \cdot \dfrac{f'}{f} = 0 \\ v'' - (u')^2 \cdot \dfrac{f \cdot f'}{(f')^2 + (g')^2} + (v')^2 \cdot \dfrac{f' \cdot f'' + g' \cdot g''}{(f')^2 + (g')^2} = 0 \end{cases}$$

Observe que ainda podemos melhorar um pouco essas expressões. Se a curva é parametrizada por comprimento de arco
$(f')^2 + (g^{\wedge\prime})^2 = 1 \Rightarrow 2 \cdot f' \cdot f'' + 2 \cdot g' \cdot g'' = 0,$
então, o sistema anterior resume-se a

$$\begin{cases} u'' + 2 \cdot u' \cdot v' \cdot \dfrac{f'}{f} = 0 \\ v'' - (u')^2 \cdot f \cdot f' = 0 \end{cases}.$$

Assim, para encontrarmos geodésicas na esfera, no toro, no cilindro ou em qualquer outra superfície de revolução, basta resolver esse sistema.

4.3 Exponencial

Pelo teorema da existência e unicidade de EDOs, sabemos que, dado um ponto $p \in S$, sendo S uma superfície regular orientável, e uma direção v, existe uma única geodésica com essas condições. Mais ainda, o teorema nos diz que $\alpha_v(t)$ depende suavemente de p, v e t. Isso nos diz que a aplicação

$$(p, v, t) \mapsto \begin{cases} p, & \|v\| = 0 \\ \alpha_v(t), & \text{caso contrário} \end{cases}$$

é suave em seu domínio

$$\{(p, v, t) \in \mathbb{R}^3 \times \mathbb{R}^3 \times \mathbb{R};\ p \in S, v \in T_p S, |t| < \varepsilon\}.$$

Para entender o comportamento das geodésicas, é suficiente estudar aquelas com velocidade unitária, pois as outras são reparametrizações destas. Isso significa que, se $v \in T_p S$ tem norma 1 e $r \neq 0$ é suficientemente pequeno, então

$$\alpha_{r \cdot v}(t) = \alpha_v(r \cdot t).$$

De fato, seja $\alpha_v: (-\varepsilon, \varepsilon) \to S$ é a geodésica que satisfaz

$$\alpha_v(0) = p \text{ e } \alpha'_v(0) = v.$$

Definamos o intervalo $\left(-\frac{\varepsilon}{r}, \frac{\varepsilon}{r}\right)$ onde está definida $\alpha_{r \cdot v}$. Note que

$$\left\| \left(\alpha_v(r \cdot t)\right)' \right\| = r \cdot \alpha'_v(r \cdot t) = r \cdot \|v\|$$

Agora, se N é uma orientação de S, pela caracterização das geodésicas, teremos

$$\langle \alpha''_v(r \cdot t), N(\alpha_v(r \cdot t)) \times \alpha'_v(r \cdot t) \rangle =$$
$$= r^3 \cdot \langle \alpha''_v(r \cdot t), N(\alpha_v(r \cdot t) \times \alpha'_v(r \cdot t) \rangle = 0.$$

Note que

$$\alpha_v(r \cdot 0) = \alpha_v(0) = p \text{ e } \alpha'_v(r \cdot 0) = r \cdot \alpha'_v(0) = r \cdot v.$$

Portanto, por unicidade de equações diferenciais, segue que

$$\alpha_{r \cdot v}(t) = \alpha_v(r \cdot t).$$

O que acabamos de verificar nos diz que a relação entre o intervalo de existência da geodésica é inversamente proporcional à norma do vetor. Em particular, se a norma do vetor for suficientemente pequena, poderemos supor que $\varepsilon > 1$, e isso implica $\alpha_v(1)$ estar bem definida.

Com base nessa discussão, podemos definir uma aplicação descrevendo o comportamento de todas as geodésicas que começam em um mesmo ponto e vizinhança.

Definição 4.3

Seja S uma superfície e $p \in S$. Considerando do teorema da unicidade e existência das geodésicas o maior possível, definimos

$$B_\varepsilon \doteq \{v \in T_p S;\ \|v\| < \varepsilon\}.$$

A aplicação exponencial de S em p é a função

$$\exp_p(v) = \begin{cases} p, & v = 0 \\ \alpha_v(1), & v \neq 0 \end{cases},$$

em que α_v é a geodésica em S com $\alpha_v(0) = p$ e $\alpha'_v(0) = v$. Sua imagem é chamada de *vizinhança normal* de p em S com raio ε e é denotada por $O_\varepsilon(p)$.

Figura 4.4 – Aplicação exponencial

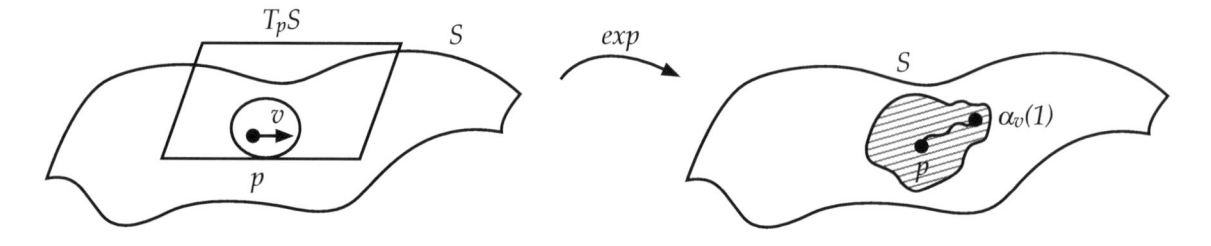

Observação 4.2

1. Na definição anterior, podemos admitir $\varepsilon = \infty$. Nesse caso, $B_\varepsilon = T_p S$.
2. Dessa motivação, temos que a aplicação exponencial é suave e, para cada vetor unitário, $u \in T_p S$ e $0 < r < \varepsilon$
$$\exp_p(r \cdot u) = \alpha_u (r \cdot 1) = \alpha_u(r).$$
Então, $\exp_p(r \cdot u)$ é o ponto $q \in S$, após percorrer um tempo r a geodésica (unitária) que começa em p na direção u. Em particular, a linha (radial) $t \mapsto t \cdot u$ em $T_p S$ é mapeada pela exponencial na geodésica $t \mapsto \alpha_u (t)$ em S.

Portanto, a aplicação exponencial leva linhas (radiais) em $T_p S$ em geodésicas em S.

Figura 4.5 – Linhas radiais sendo levadas em geodésicas

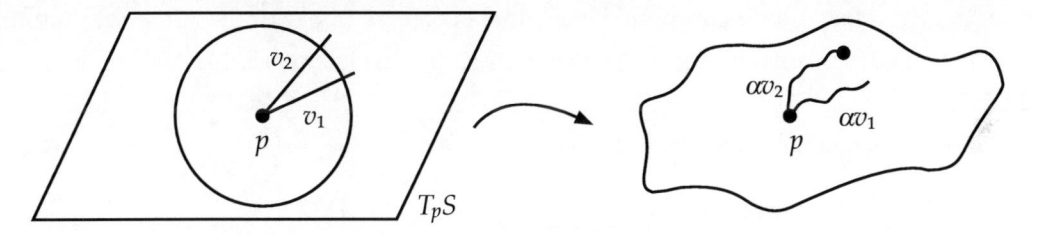

3. Sejam $d(\exp_p)_0 \colon T_p S \to T_{\exp_p(0)} S$ e γ a curva $\gamma(t) = t \cdot v$, $v \in T_p S$. Então,

$$d(\exp_p)_0 v = \frac{d}{dt}\Big(\exp_p \circ \gamma\Big)(t) = \frac{d}{dt}\Big|_{t=0} \exp_p(t \cdot v) = \frac{d}{dt}\Big|_{t=0} \alpha_v(t) = v.$$

Portanto, $d(\exp_p)_0 = id_{T_p S} \colon T_p S \to T_p S$.

Proposição 4.2

Seja S uma superfície regular e $p \in S$. Existe $\varepsilon > 0$ tal que $\exp_p$ é um difeomorfismo de B_ε em sua imagem $O_\varepsilon(p)$.

Demonstração
Segue diretamente da observação anterior e do teorema da função inversa.

■

Uma vez que a aplicação exponencial é um difeomorfismo, podemos considerar essa função como uma carta. Dois sistemas de coordenadas oriundos da exponencial merecem destaque: as coordenadas **normais** e as **polares**.

Antes disso, lembremos o seguinte fato: se S é uma superfície regular e $p \in S$, temos o isomorfismo $T_p S \simeq \mathbb{R}^2$ dado por $(u, v) \mapsto (u \cdot e_1 + v \cdot e_2)$, em que $\{e_1, e_2\}$ é uma base ortonormal de $T_p S$.

Definição 4.4

Sejam S uma superfície regular, $p \in S$, ε o raio da vizinhança normal de p e $\{e_1, e_2\}$ base ortonormal de T_pS.

I. As coordenadas normais em p são as variáveis $\{u, v\}$ da parametrização
$$\phi(u, v) = \exp_p(u \cdot e_1 + v \cdot e_2),$$
cujo domínio é dado pelos pontos $(u, v) \in \mathbb{R}^2$ tais que $u^2 + v^2 < \varepsilon^2$.

II. As coordenadas normais polares em p são as variáveis $\{r, \theta\}$ da parametrização
$$\phi(r, \theta) = \exp_p\left(r \cdot \cos(\theta) \cdot e_1 + r \cdot \operatorname{sen}(\theta) \cdot e_2\right)$$

cujo domínio é dado pelos pontos $(r, \theta) \in \mathbb{R}^2$ tais que $0 < r < \varepsilon$ e $0 < \theta < 2 \cdot \pi$.

Observe que o sistema de coordenadas normais corresponde a um sistema retangular em T_pS; já o sistema de coordenadas polares corresponde a um sistema radial.

Figura 4.6 – Coordenadas normais e cartesianas

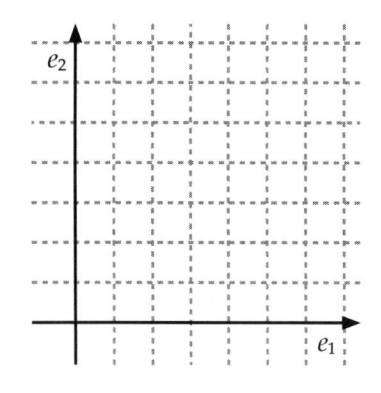

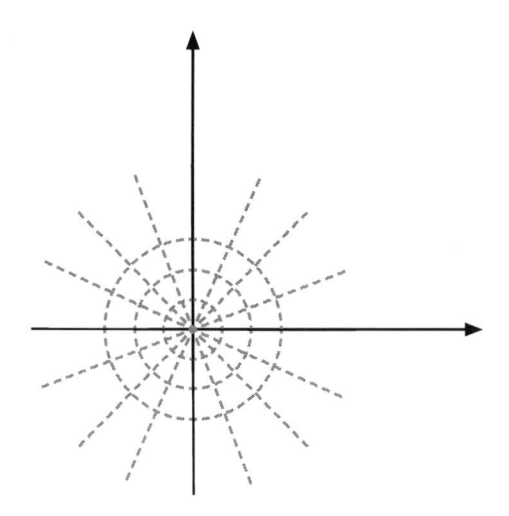

Proposição 4.3

Seja S uma superfície regular e $p \in S$.

1. Em coordenadas normais em p, a primeira forma fundamental de S é dada por
   $du^2 + dv^2$, isto é, $E(p) = G(p) = 1$ e $F(p) = 0$.
2. Lema de Gauss: em coordenadas normais polares em p, a primeira forma fundamental de S é dada por
   $dr^2 + G \cdot d\theta^2$, isto é, $E(p) = 1$ e $F(p) = 1$.

Demonstração

Primeiramente, lembremos que, se ϕ é uma parametrização de S, sua primeira forma fundamental é dada por

$$F_1 = E \cdot du^2 + 2 \cdot F \cdot du \cdot dv + G \cdot dv^2,$$

em que $E = \langle \phi_u, \phi_u \rangle$, $F = \langle \phi_u, \phi_v \rangle$ e $G = \langle \phi_v, \phi_v \rangle$.

Para o item 1 da Proposição 4.3, seja $w \in T_pS$ com $w = u \cdot e_1 + v \cdot e_2$. No sistema de coordenadas normais, as geodésicas que passam por p na direção w são dadas por

$$\alpha_w(t) = \exp_p(w \cdot t) = \exp_p(u \cdot t \cdot e_1 + v \cdot t \cdot e_2).$$

Para o item 2 da Proposição 4.3, por definição, temos

$$\phi(\theta, r) = \exp\left(r \cdot \cos(\theta) \cdot e_1 + r \cdot \operatorname{sen}(\theta) \cdot e_2\right).$$

Observe que podemos reescrever da seguinte forma:

$w = r \cdot w(\theta)$ onde $w(\theta) = \cos(\theta) \cdot e_1 + \operatorname{sen}(\theta) \cdot e_2$.

Assim,

$$\phi(\theta, r) = \exp\left(r \cdot w(\theta, r)\right)$$

Agora, pela definição de propriedades da exponencial

$$\exp(r \cdot w(\theta)) = \alpha_{r \cdot w(\theta)}(1) = \alpha_{w(\theta)}(r)$$

$$\Rightarrow \phi_r(\theta, r) = \frac{d}{dt}_{|t=r} \alpha_{w(\theta)}(t) = w(\theta).$$

Então,

$$E(\theta, r) = \langle \phi_r, \phi_r \rangle = \langle w(\theta), w(\theta) \rangle = \| w(\theta) \|^2 = 1.$$

Dessa igualdade e dos sistemas deduzidos dos símbolos de Christoffel, resulta

$0 = E_\theta = 2 \cdot \langle \phi_{r\theta}, \phi_r \rangle$

$\Rightarrow F_r = \langle \phi_{rr}, \phi_\theta \rangle + \langle \phi_{r\theta}, \phi_r \rangle = \langle \alpha''_{w(\theta)}(r), \phi_\theta \rangle.$

Como α é uma geodésica, por definição α'', é normal a $T_{\phi(\theta, r)}S$, logo

$F_r = 0 \Rightarrow F$ é constante em r.

Podemos escrever $F(\theta, r) = F(\theta)$. Vamos, por fim, mostrar que $F(\theta) = 0$ para qualquer θ. Antes, observe que

$$\phi_\theta(\theta, r) = d(\exp_p)_{r \cdot w(\theta)} (r \cdot w'(\theta)).$$

Assim, se $r = 0$, temos $\phi_\theta(0, \theta) = 0$, como visto antes

$\phi_r(0, \theta) = w(\theta)$.

Pela continuidade das derivadas parciais,

$$\lim_{r \to 0} \phi_r(\theta, r) = w(\theta) \text{ e } \lim_{r \to 0} \phi_\theta(\theta, r) = 0.$$

Logo,

$$\lim_{r \to 0} F(\theta, r) = \lim_{r \to 0} \langle \phi_r(\theta, r), \phi_\theta(\theta, r) \rangle = 0.$$

Portanto, como $F(\theta, r) = F(\theta)$, segue que $F \equiv 0$ e concluímos o resultado.

Começamos o capítulo comentando sobre a relação entre retas e geodésicas. Umas das características das retas é que estas minimizam distâncias; geodésicas não cumprem esse mesmo papel em superfícies. Tal fato é válido somente se tomarmos segmentos de geodésicas suficientemente pequenos. Vejamos no resultado a seguir.

Proposição 4.4

Seja S uma superfície regular, $p \in S$ e $O \doteq O_\varepsilon(p)$ vizinhança normal de p. Então, cada segmento de geodésica O em começando em p é um minimizante local. Isto é, se $\alpha: [a, b] \to O$ é uma geodésica ligando os pontos p e q em O, então, para toda curva regular $\beta: [a, b] \to O$ tal que $\beta(a) = p$ e $\beta(b) = q$, vale a desigualdade de comprimentos de arco $L_\beta \geq L_\alpha$. A igualdade ocorre se, e somente se, $\beta = \alpha$.

Demonstração

Seja $\phi: U \subset \mathbb{R}^2 \to O$ uma parametrização de S em coordenadas polares em p. Seja $q \in O$ tal que $q \neq p$. Caso necessário, podemos escolher outra base de T_pS de forma que $q \in Im(\phi)$. Então, $q = \phi(r_0, \theta_0)$ para $(r_0, \theta_0) \in U$.

Definamos a curva:

$$\alpha(t) = \begin{cases} p, t = 0 \\ \phi(t, \theta_0), t \in (0, r_0] \end{cases}.$$

Note que essa curva é unitária e é uma geodésica ligando p a q com comprimento .

Suponha que β: $[a, b] \to S$ seja outra curva satisfazendo $\beta(a) = p$ e $\beta(b) = q$. Sem perda de generalidade, podemos supor β regular. Seja L_β o comprimento de arco de β, temos as seguintes situações:

- $Im(\beta)\setminus\{p\} \subset Im(\phi)$. Nesse caso,

$$\alpha(s) = \phi\big(r(s), \theta(s)\big) \text{ em que } s \mapsto \big(r(s), \theta(s)\big), s \in (a, b)$$

é uma curva regular em U. Pelo lema de Gauss e escrevendo a fórmula do comprimento de arco pela primeira forma fundamental, temos

$$L_\beta = \lim_{\delta \to a} \int_\delta^b \sqrt{r'(t)^2 + G(r) \cdot \theta'(t)^2}\, dt \geq \lim_{\delta \to a} \int_\delta^b \sqrt{r'(t)^2}\, dt$$
$$= \lim_{\delta \to a} \int_\delta^b |r'(t)|\, dt \geq r(b) - \lim_{\delta \to a} r(\delta) = r_0.$$

Note que vale a igualdade se, e somente se, $\theta' \equiv 0$, ou seja, se $\theta = \theta_0$. Portanto,

$$L_\beta \geq r_0 \text{ e } L_\beta = r_0 \text{ se } \beta \text{ é uma reparametrização de } \alpha.$$

- $Im(\beta)$ não é coberta por ϕ. Se β cruza o traço da geodésica um número finito de vezes, então, particionando $[a, b]$ em subintervalos finitos, nos quais β não cruza C, pelo argumento anterior, o comprimento de β é maior ou igual a $\Delta r_i \doteq r_i - r_{i-1}$ em cada subintervalo da partição. Logo,

$$L_\beta \geq \sum \Delta r_i = r_0.$$

Agora, caso β cruze C infinitas vezes, então, deve-se espiralar infinitas vezes ao redor de p. Mas isso contradiz a regularidade de β em $t = a$. Por fim, caso β saia de O, então, o argumento anterior mostra que o comprimento de β deve ser maior que r_0.

Figura 4.7 – Curvas e seus comprimentos

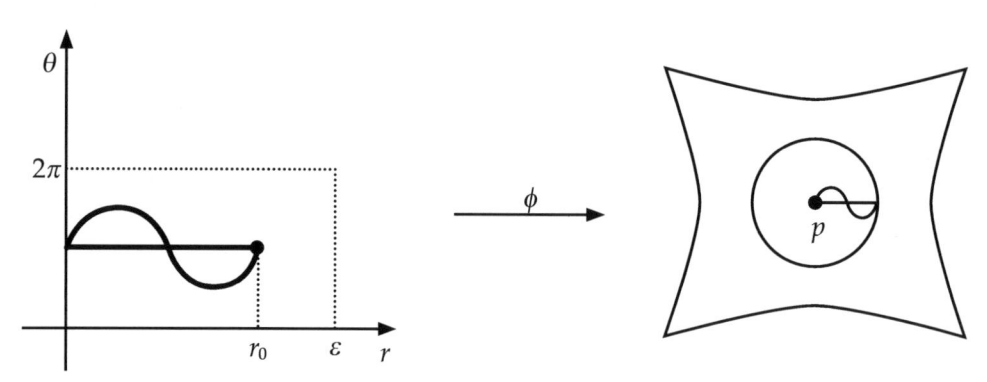

Um exemplo simples que mostra a exigência da hipótese local no teorema anterior é o seguinte: nas esferas, as geodésicas são grandes círculos, mas, se α é um grande círculo que começa em p, ultrapassa o antípoda de p. Então, α não minimiza distâncias globalmente.

Vejamos, no próximo resultado, que, se uma curva entre dois pontos é a menor possível, então, ela é uma geodésica.

Proposição 4.5

Seja $\alpha: I \to S$ uma curva regular com parâmetro proporcional ao comprimento de arco. Suponha que L_α, o comprimento de arco de α, entre $a, b \in I$ é o menor de todos os comprimentos de qualquer outra curva entre $\alpha(a)$ e $\alpha(b)$. Então, α é uma geodésica.

Demonstração

Seja $t_0 \in I$ um ponto qualquer e vizinhança de $\alpha(t_0) = p$ (como no teorema anterior). Considere $q = \alpha(t_1) \in O$ para algum $t_1 \in I$. Aplicando o teorema anterior, α é uma geodésica em (t_0, t_1). Caso contrário, o comprimento de arco de α seria maior que a geodésica (radial) unindo $\alpha(t_0)$ a $\alpha(t_1)$, mas isso contradiz a hipótese. Pela regularidade e continuidade de α, segue que α é uma geodésica em t_0.

4.4 Transporte paralelo

O próximo conceito que vamos explorar visa generalizar derivadas direcionais do cálculo vetorial e derivadas de campos vetoriais.

Definição 4.5

Seja S uma superfície regular e $\alpha: I \to S$ uma curva em S e, ainda, $X: I \to \mathbb{R}^3$ tal que $X(t) \in T_{\alpha(t)}S$ $\forall t \in I$, definimos:

I. A derivada covariante de X, denotada por $\frac{DX}{dt}$, é o campo vetorial ao longo de α tal que, para todo $t_0 \in I$,

$$\frac{DX}{dt}(t_0) = \text{projeção de } X(t_0) \text{ em } T_{\pm(t_0)}S.$$

II. X é chamado de *paralelo* se $\frac{DX}{dt}(t_0) = 0 \,\forall t_0 \in I$.

Exemplo 4.3

Observe que, no caso em que $S = \mathbb{R}^2$, um campo ao longo de $\alpha: I \to \mathbb{R}^2$ é uma função $X: I \to \mathbb{R}^2$ diferenciável. Logo,

$$\frac{DX}{dt} = \frac{dX}{dt}$$

Além disso, X é paralelo se, e somente se, $X \equiv$ cte.

Antes de enunciarmos as propriedades algébricas das derivadas covariantes, vejamos como podemos escrevê-las em coordenadas usando os símbolos de Christoffel.

Seja S uma superfície orientável com parametrização $\phi: U \subset \mathbb{R}^2 \to V \subset S$ compatível com N, sua orientação. Vamos definir $\frac{D\phi_v}{du}: U \to \mathbb{R}^3$ tal que, para cada $q \in U$, $\frac{D\phi_v}{du}(q)$ é a derivada covariante em q da restrição de ϕ_v à curva em u através de q. Analogamente, definimos $\frac{D\phi_u}{du}$, $\frac{D\phi_v}{dv}$ e $\frac{D\phi_u}{dv}$. Então, da definição dos símbolos de Christoffel, temos

$$\begin{cases} \phi_{uu} = \Gamma_{11}^1 \cdot \phi_u + \Gamma_{11}^2 \cdot \phi_v + e \cdot N = \dfrac{D\phi_u}{du} + e \cdot N \\[4pt] \phi_{uv} = \Gamma_{12}^1 \cdot \phi_u + \Gamma_{12}^2 \cdot \phi_v + f \cdot N = \dfrac{D\phi_v}{du} + f \cdot N \\[4pt] \phi_{vu} = \Gamma_{21}^1 \cdot \phi_u + \Gamma_{21}^2 \cdot \phi_v + f \cdot N = \dfrac{D\phi_u}{dv} + f \cdot N \\[4pt] \phi_{vv} = \Gamma_{22}^1 \cdot \phi_u + \Gamma_{22}^2 \cdot \phi_v + g \cdot N = \dfrac{D\phi_v}{dv} + g \cdot N \end{cases}$$

Proposição 4.6

Seja $\alpha: I \to V$ uma curva regular dada por $\alpha(t) = \phi(u(t), v(t))$, $u, v \in I \to \mathbb{R}$. Dado um campo vetorial X ao longo de α, escrito em coordenadas por

$$X(t) = a(t) \cdot \phi_u(u(t), v(t)) + b(t) \cdot \phi_v(u(t), v(t)), \ a, b : I \to \mathbb{R},$$

temos

$$\frac{DX}{dt} = \left[a' + a \cdot u' \cdot \Gamma^1_{11} + (a \cdot v' + b \cdot u') \cdot \Gamma^1_{12} + b \cdot v' \cdot \Gamma^1_{22} \right] \cdot \phi_u$$
$$+ \left[b' + a \cdot u' \cdot \Gamma^2_{11} + (a \cdot v' + b \cdot u') \cdot \Gamma^2_{12} + b \cdot v' \cdot \Gamma^2_{22} \right] \cdot \phi_v.$$

Em particular, X é paralelo se, e somente se, os coeficientes de ϕ_u e ϕ_v forem nulos.

Demonstração

Por definição, a derivada covariante é a projeção da derivada de $X(t)$ em relação a $T_{\alpha(t)}S$. Vamos, primeiramente, derivar $X(t)$:

$$\frac{dX}{dt} = a' \cdot \phi_u + a' \cdot u' \cdot \phi_{uu} + a \cdot v' \cdot \phi_{uv} + b' \cdot \phi_v + b \cdot u' \cdot \phi_{uv} + b \cdot v' \cdot \phi_{vv}$$
$$= a' \cdot \phi_u + a \cdot (u' \cdot \phi_{uu} + v' \cdot \phi_{vv}) + b' \cdot \phi_v + b \cdot (u' \cdot \phi_{uv} + v' \cdot \phi_{vv}).$$

Agora, utilizando as relações dos símbolos de Christoffel para as derivadas segundas de ϕ, não considerando os termos envolvendo N (uma vez que queremos a projeção em $T_{\alpha(t)}S$), temos a expressão desejada.

Disso resulta que a derivada covariante depende apenas da primeira forma fundamental, por isso é um conceito intrínseco e não depende da curva escolhida.

As propriedades a seguir são facilmente deduzidas apenas utilizando a definição da derivada covariante como uma projeção.

Lema 4.1

Seja S uma superfície regular e $\alpha: I \to S$ uma curva regular em S. Dados dois campos V e W ao longo de α e $f, g: I \to \mathbb{R}$ funções suaves, temos

1. $\dfrac{D}{dt}(V + W) = \dfrac{DV}{dt} + \dfrac{DW}{dt}$.

   Em particular, se V e W são paralelos, vale o mesmo para $V + W$.

2. $\dfrac{D(f \cdot V)}{dt} = f' \cdot V + f \cdot \dfrac{DV}{dt}$.

   Em particular, se V é paralelo, então $f \cdot V$ é paralelo se, e somente se, f for constante.

3. $\langle V, W \rangle' = \left\langle \dfrac{DV}{dt}, W \right\rangle + \left\langle V, \dfrac{DW}{dt} \right\rangle$.

   Em particular, campos paralelos têm norma constante e dois campos paralelos mantêm ângulo constante.

4. Se $F: J \to I$ é suave, então $\bar{V} \doteq V \circ F$ é um campo ao longo de $\bar{\alpha} \doteq \alpha \circ F$ e vale

   $$\dfrac{D\bar{V}}{dt} = F'(t) \cdot \dfrac{DV(F(t))}{dt} \quad \forall t \in J.$$

   Em particular, $\bar{V}$ é paralelo ao longo de $\bar{\alpha}$ se, e somente se, V for paralelo ao longo de α.

Observação 4.3

1. No plano, as curvas ao longo das quais cada campo vetorial é paralelo são as retas. Com essa motivação, podemos redefinir geodésicas utilizando derivadas covariantes.

   De fato, uma curva regular $\alpha: I \to S$, em que S é uma superfície, é chamada de *geodésica* em $t \in I$ se $\dfrac{D\alpha'(t)}{dt} = 0$, ou seja, se o campo vetorial de $\alpha'(t)$ for paralelo ao longo de α.

2. Sendo V um campo vetorial de vetores com normal igual a 1 ao longo de uma curva $\alpha: I \to S$, em que S é uma superfície regular orientável, como $V(t)$ é um campo vetorial, para cada $t \in I$, temos

   $$\left\langle \dfrac{dW(t)}{dt}, W(t) \right\rangle = 0$$

   Logo,

   $$\dfrac{DW}{dt} = \lambda(t) \cdot (N \times W(t)),$$

   em que N é a orientação de S e a constante de proporcionalidade é chamada de *valor algébrico da derivada covariante* de W em t. Vale ressaltar que algumas referências utilizam a notação:

   $$\lambda(t) \doteq \left[\dfrac{DW(t)}{dt} \right].$$

3. A curvatura geodésica κ_g de uma curva α (parametrizada por comprimento de arco) pode ser definida como o escalar da componente paralela da decomposição de α''. Tendo em vista seu significado geométrico, podemos definir esse valor pela relação anterior:

$$\kappa_g(t) = \left[\frac{D\alpha'(t)}{dt}\right].$$

Vejamos, a seguir, a existência e a unicidade dos campos paralelos.

Teorema 4.2

Seja S uma superfície regular orientada $\alpha: I \to S$ e uma curva regular em S. Dado $t_0 \in I$ para cada $W_0 \in T_{\alpha(t)}S$, existe um único campo vetorial paralelo W ao longo de α tal que $W(t_0) = W_0$.

Demonstração

Primeiramente, como a noção de ser paralelo é invariante por reparametrizações, vamos supor que $|\alpha'| = 1$ e $|W_0| = 1$.

Observe que $V \doteq \alpha'$ é um campo unitário ao longo de α e que $N \doteq R_{90} \cdot V$ é outro campo unitário ao longo de α. Segue que, por definição, se κ_g é a curvatura geodésica de α, temos $\frac{DV}{dt} = \kappa_g \cdot N$. Aplicando as propriedades algébricas da derivada covariante, verificamos

$$\langle N, V \rangle' = \left\langle \frac{DN}{dt}, V \right\rangle + \left\langle N, \frac{DV}{dt} \right\rangle$$

$$\Rightarrow \left\langle \frac{DN}{dt}, V \right\rangle = \langle N, V \rangle' - \left\langle N, \frac{DV}{dt} \right\rangle,$$

em que

$$\langle N, V \rangle = 0 \Rightarrow \langle N, V \rangle' = 0$$

$$\left\langle N, \frac{DV}{dt} \right\rangle = \langle N, \kappa_g \cdot N \rangle = \|N\|^2 \cdot \kappa_g = \kappa_g$$

$$\Rightarrow \left\langle \frac{DN}{dt}, V \right\rangle = 0 - \kappa_g \Rightarrow \frac{DN}{dt} = -\kappa_g \cdot V.$$

Para definir um vetor como desejado, nossa estratégia será encontrar uma função $\theta: I \to \mathbb{R}$ satisfazendo

$$W(t) = \cos(\theta(t)) \cdot V(t) + \operatorname{sen}(\theta(t)) \cdot N(t).$$

Segue

$$\frac{DW(t)}{dt} = \frac{D}{dt}\left[\cos(\theta\,(t))\cdot V(t)\right] + \frac{D}{dt}\left[\text{sen}(\theta\,(t))\cdot N(t)\right]$$
$$= -\text{sen}\,(\theta\,(t))\cdot \theta'(t)\cdot V(t) + \cos\,(\theta\,(t))\cdot \frac{DV(t)}{dt} + \cos\,(\theta\,(t))\cdot \theta'(t)\cdot N(t)$$
$$+ \text{sen}\,(\theta\,(t))\cdot \frac{DN(t)}{dt}$$
$$= -\text{sen}\,(\theta\,(t))\cdot \theta'(t)\cdot V(t) + \cos\,(\theta\,(t))\cdot (N(t)\cdot \kappa_g) + \cos\,(\theta\,(t))\cdot \theta'(t)\cdot N(t)$$
$$+ \text{sen}(\theta(t))\cdot (-V(t)\cdot \kappa_g)$$
$$= -\text{sen}\,(\theta\,(t))\cdot [\theta'(t) + \kappa_g]\cdot V(t) + \cos\,(\theta\,(t))\cdot [\theta'(t) + \kappa_g]\cdot N(t).$$

Então, W é paralelo se, e somente se, $\theta'(t) = -\kappa g$. Desse modo, nosso problema se resume a resolver uma equação diferencial parcial dada por

$$\theta(t) = -\int_{t_0}^{t} \kappa_g(s)ds + \theta_0.$$

Podemos escolher $\theta_0 \in \mathbb{R}$ tal que $W(t_0) = W_0$.

Na demonstração anterior, a função θ descreve um campo paralelo em termos de α. Essa é a função ângulo associada a α. É única, a menos de uma constante, e tem a seguinte propriedade: para cada campo paralelo W ao longo de α, $\theta_0 \in [0, 2\pi)$ existe tal que

$$\alpha'(t) = \cos(\theta(t) + \theta_0)\cdot W(t) + \text{sen}(\theta(t) + \theta_0)\cdot R_{90}(W(t)) \quad \forall t \in I.$$

Observe ainda que $\kappa g = \theta'(t)$; logo, a curvatura geodésica de mede o desvio de α' para um vetor paralelo ao longo de α.

Exemplo 4.4

1. Se α é uma geodésica, então $\kappa g = 0$. Isso implica $\theta \equiv$ constante. Assim, um campo unitário ao longo de α é paralelo se, e somente se, mantiver um ângulo constante com α'. Em particular, α' é paralelo. Vamos supor $S = \mathbb{R}^2$. Vimos que um campo é paralelo ao longo de uma curva se, e somente se, for constante. Escolhendo $\theta_0 = 0$, então

$$\alpha'(t) = \cos(\theta(t))\cdot W(t) + \text{sen}(\theta(t))\cdot R_{90}(W(t))$$

corresponde ao vetor paralelo $W(t) = (1, 0)$. Portanto, θ é a função ângulo definida no primeiro capítulo. Nesse caso, escolhendo a orientação $N = (0,0,1)$, a curvatura geodésica de α é sua curvatura com sinal.

Nossos estudos sobre derivadas covariantes nos mostram a existência de campos paralelos. Finalizamos este capítulo analisando como transladar paralelamente tais campos.

Primeiramente, temos os seguintes conceitos.

Definição 4.6

Seja S uma superfície regular $\alpha: [a, b] \to S$ e uma curva regular.

1. Uma translação paralela (ou transporte paralelo) ao longo de α é uma função $P_\alpha: T_{\alpha(a)}S \to T_{\alpha(b)}S$ tal que cada $W(t)$ paralelo ao longo de α com $W_0 = W(a)$ é levado em $W_1 = W(b)$.
2. Se é uma curva fechada, então $P_\alpha: T_{\alpha(a)}S \to T_{\alpha(b)}S$ é chamada *holonomia* em α.
3. Se S é orientada e $|\alpha'| = 1$, o deslocamento angular ao longo de α é dado por $\Delta\theta \doteq \theta(b) - \theta(a)$, em que θ é a função ângulo de α.

Observação 4.4

1. Pelo teorema da existência de campos paralelos, caso a translação paralela exista, ela está bem definida.
2. Também do teorema da existência de campos paralelos, decorre que P_α é uma isometria, logo preserva ângulos.
3. Se S é orientada $\alpha: [a, b] \to S$ e é fechada e $|\alpha'| = 1$, então a holonomia ao redor de α é igual a uma rotação no sentido horário de $T_{\alpha(a)}S$ por $\Delta\theta$.
   De fato, identificamos os espaços tangentes $T_{\alpha(a)}S$ e $T_{\alpha(b)}S$ com $\mathbb{R}^2$ pela base $\{\alpha'(t), R_{90}(\alpha'(t))\} \doteq B$. Note que, como a curva é fechada, B é igual em $t = a$ e $t = b$. Portanto, pela fórmula de α' em função de θ, segue a afirmação:
4. $\Delta\theta$ pode ser maior que 2π. Por exemplo, se $S = \mathbb{R}^2$ e α começam e terminam no mesmo ponto (isto é, um *loop*), então P_α é a função identidade, ao passo que $\Delta\theta = \lambda \cdot (2\pi)$, em que λ é o número de vezes que α retorna ao ponto inicial (isto é, completa um *loop*).

Para finalizarmos esta seção, temos o seguinte resultado.

Proposição 4.7

Seja $F: S \to \overline{S}$ uma isometria entre superfícies orientadas regulares e seja uma curva regular $\alpha: I \to S$ com $|\alpha'| = 1$ em S e $\overline{\alpha} \doteq F \circ \alpha$. Dado V um vetor ao longo de α em S, e $\overline{V}$ ao longo de em $\overline{\alpha}$ em $\overline{S}$, definido por $\overline{V} := dF_{\alpha(t)}(V(t)) \, \forall t \in I$, temos

1. $\frac{D\bar{V}(t)}{dt} = df_{\alpha(t)}\left(\frac{D\bar{V}(t)}{dt}\right), \forall t \in I$

2. V é paralelo ao longo de α se, e somente se, $\bar{V}$ for paralelo ao longo de $\bar{\alpha}$.

Demonstração

Ambas as afirmações são independentes. Por isso, vamos demonstrar (2) e, com ela, (1).

- (2) Primeiramente, como F é isometria, α e $\bar{\alpha}$ têm mesma curvatura geodésica κ_g. Logo, ambas as curvas têm a mesma função ângulo θ, tal que $\kappa_g = \theta'$. Então, como $dF_{\alpha(t)}$ preserva ângulos e orientação, V é paralelo à curva se, e somente se, $\bar{V}$ é paralelo a $\bar{\alpha}$.

- (1) Seja W_1 vetor unitário paralelo a $W_2 := R_{90}(W_1)$ e dois vetores ao longo de α. Então, como W_1 é ortogonal a W_1, podemos escrever

$V = a \cdot W_1 + b \cdot W_2$, para funções, $a, b : I \to \mathbb{R}$.

Das propriedades algébricas da derivada covariante,

$$\frac{DV}{dt} = \frac{D(a \cdot W_1)}{dt} + \frac{D(b \cdot W_2)}{dt} =$$
$$= a' \cdot W_1 + b' \cdot W_2 + a \cdot \frac{DW_1}{dt} + b \cdot \frac{DW_2}{dt}$$
$$= a' \cdot W_1 + b' \cdot W_2 \text{ (pois } W_1 \text{ e } W_2 \text{ são paralelos).}$$

Pela parte (2), os campos

$\overline{W_i} \doteq dF_{\alpha(t)}(W_i), i = 1, 2,$

ao longo de $\bar{\alpha}$ definidos pela derivada de F, são paralelos e vale que

$$\frac{D\bar{V}}{dt} = \frac{D}{dt}(a \cdot \overline{W_1} + b \cdot \overline{W_2}) =$$
$$= a' \cdot \overline{W_1} + b' \cdot \overline{W_2}$$
$$= a' \cdot dF_{\alpha(t)}(W_1) + b' \cdot dF_{\alpha(t)}(W_2)$$
$$= dF_{\alpha(t)}\left(\frac{Dv}{dt}\right).$$

∎

> **Síntese**
>
> Entre os assuntos estudados neste capítulo, destacamos as geodésicas e os símbolos de Christoffel. Como vimos, as geodésicas surgem de uma pergunta simples: Quais curvas minimizam distâncias em superfícies? Porém, a resposta não é simples. Para encontrá-la, precisamos desenvolver algumas ferramentas, como a exponencial. Agora, os símbolos de Christoffel permitem relacionar as formas fundamentais e deduzir fórmulas para conceitos já estudados.

Atividades de autoavaliação

1) Mostre que uma curva α em uma superfície S, com parametrização $\phi(u, v)$ e primeira forma fundamental $E \cdot du^2 + 2 \cdot F \cdot du \cdot dv + G \cdot dv^2$, é uma geodésica se, e somente se, para qualquer segmento de $\alpha(t) = \phi(u(t), v(t))$ em S valem as equações

$$\begin{cases} \dfrac{d}{dt}(E \cdot u' + F \cdot v') = \dfrac{1}{2} \cdot (E_u \cdot (u')^2 + 2 \cdot F_u \cdot u' \cdot v' + G_u \cdot (v')^2) \\ \dfrac{d}{dt}(F \cdot u' + G \cdot v') = \dfrac{1}{2} \cdot (E_v \cdot (u')^2 + 2 \cdot F_v \cdot u' \cdot v' + G_v \cdot (v')^2) \end{cases}.$$

2) Utilizando as equações anteriores, encontre as geodésicas da superfície parametrizada por $\phi(u, v) = (\cos(u) \cdot \cos(v), \cos(u) \cdot \text{sen}(v), \text{sen}(u))$.

3) Utilizando as equações anteriores, encontre as geodésicas do cilindro unitário $\phi(u, v) = (\cos(u), \text{sen}(u), v)$.

4) Dado um ponto e um vetor tangente a este, existe uma única geodésica passando por esse ponto.
   a. Como corolário desse resultado, mostre que qualquer isometria local entre duas superfícies leva geodésicas em geodésicas.
   b. Use o exercício anterior e encontre as geodésicas de um cone circular
   $\phi(u, v) = (u \cdot \cos(v), u \cdot \text{sen}(v), u)$.

5) Seja uma superfície de revolução parametrizada por $\phi(u, v) = (f(u) \cdot \cos(v), f(u) \cdot \text{sen}(v), g(u))$, suponha $f > 0$ e $f_u^2 + g_u^2 = 1$. Mostre que todo meridiano (isto é, em que $v \equiv cte$) é uma geodésica. Além disso, $u \equiv cte$ é uma geodésica se, e somente se, $f_u \equiv 0.\bar{v}$

6) Sejam v e w vetores com velocidade unitária ao longo de uma curva α. Considerando a base $\{v, \overline{v}\}$, escreva $w(t) = a(t) \cdot v(t) + b(t) \cdot \overline{v}(t)$ com $a^2 + b^2 = 1$ sabendo que
   - o ângulo entre $v(t_0)$ e $w(t_0)$ é dado por: $\theta = \theta_0 + \int_{t_0}^{t} a \cdot b' - b \cdot a' \, dt$, com $\cos(\theta(t)) = a(t)$, $\operatorname{sen}(\theta(t)) = b(t), \theta(t_0) = \theta_0$.
   - a derivada do ângulo θ pode ser dado pela expressão: $\left[\frac{Dw}{dt}\right] - \left[\frac{Dv}{dt}\right] = \frac{d\theta}{dt}$.

   a. Mostre que, se o coeficiente da primeira forma fundamental de $\phi(u, v)$ satisfaz $F = 0$, então

   $$\left[\frac{Dw}{dt}\right] = \frac{1}{2 \cdot \sqrt{E \cdot G}} \cdot (G_u \cdot v' - E_v \cdot u') + \theta',$$

   em que é o ângulo entre ϕ_u e w.

   b. Com base no exercício anterior, mostre que

   $$\kappa_g = \frac{1}{2 \cdot \sqrt{E \cdot G}} \cdot (G_u \cdot v' - E_v \cdot u') + \theta'.$$

   c. Utilizando a igualdade anterior, conclua que

   $$\kappa_g = (\kappa_g)_1 \cdot \cos(\theta) + (\kappa_g)_2 \cdot \operatorname{sen}(\theta) + \theta',$$

   em que $(\kappa_g)_1$ é a curvatura geodésica com $v \equiv cte$ e $(\kappa_g)_2$ é a curvatura geodésica com $u \equiv cte$.

7) Classifique as afirmações a seguir como verdadeiras (V) ou falsas (F):
   ( ) $|\alpha'(t)|' > 0$ para cada $t \in I$ para uma geodésica $\alpha: I \to \mathbb{R}$.
   ( ) Existe uma geodésica entre $(-1,0)$ e $(1,0)$ em $S = \mathbb{R}^2 \setminus \{(0,0)\}$.
   ( ) $\alpha(t) = (\cos(t), \operatorname{sen}(t), 2)$ é uma geodésica no cilindro dado por $x^2 + y^2 = 1$.
   ( ) Se α é regular, então α'' e α' são paralelos.
   ( ) As geodésicas $\mathbb{S}^2$ de são segmentos de reta.

8) Classifique as afirmações a seguir como verdadeiras (V) ou falsas (F):
   ( ) Os símbolos de Christoffel dependem apenas da primeira forma fundamental.
   ( ) Sempre é válido que $\Gamma_{12}^1 = -\Gamma_{21}^1$.
   ( ) Superfícies de revolução não admitem geodésicas.
   ( ) Sempre é válido que $\Gamma_{11}^2 = (\Gamma_{11}^1)^2$.
   ( ) As geodésicas do plano são semicírculos.

9) Classifique as afirmações a seguir como verdadeiras (V) ou falsas (F):
   ( ) Podemos ter $B_\varepsilon = T_p S$ que para algum $0 < \varepsilon < 2\pi$.
   ( ) Se $\alpha: [a, b] \to O_\varepsilon(p) \subset S$ é uma geodésica, então $L_\beta \leq L_\alpha$ para qualquer curva $\beta: [a, b] \to O_\varepsilon(p)$.

( ) *exp* é uma função que associa pontos de S a vetores tangentes.
( ) Qualquer curva contida em um grande círculo de $\mathbb{S}^2$ é uma geodésica.
( ) Se $\alpha: [a, b] \to S$ é tal que $L_\alpha = \min \left\{ \int_a^b |\beta'(t)| dt : \beta : [a, b] \to S \right\}$, então α é uma geodésica.

10) Classifique as afirmações a seguir como verdadeiras (V) ou falsas (F):
( ) Se V, W são campos paralelos, $V + W$ pode não ser um campo paralelo.
( ) Todo transporte paralelo é uma holonomia.
( ) O transporte paralelo é uma função entre superfícies (por exemplo, cone e cilindro).
( ) Mesmo com ϕ_u e ϕ_v não nulos, $X(t) = a(t) \cdot \phi_u + b(t) \cdot \phi_v$ é paralelo para quaisquer funções a, b.
( ) A operação $\frac{D}{dt}$ é linear.

11) Classifique as afirmações a seguir como verdadeiras (V) ou falsas (F):
( ) Não existem geodésicas em $S = \mathbb{R}^2 \setminus \{(0,0)\}$.
( ) Existem infinitas geodésicas em $\mathbb{S}^2$ passando por $(1,0,0)$ e $(-1,0,0)$.
( ) Existem apenas duas geodésicas em $\mathbb{S}^2$ passando por $\left(-\frac{\sqrt{2}}{2}, \frac{\sqrt{2}}{2}, 0\right)$ e $\left(\frac{\sqrt{2}}{2}, \frac{\sqrt{2}}{2}, 0\right)$.
( ) Existe uma única geodésica entre $(1,0,0)$ e $(-1,0,0)$ no cilindro dado pela equação $x^2 + y^2 = 1$.
( ) Existem infinitas geodésicas entre $(1,0,0)$ e $(0,1,0)$ em $\mathbb{S}^2$.

Atividades de aprendizagem

Questões para reflexão

1) Descreva, pelo menos, quatro geodésicas diferentes no hiperboloide de uma folha $x^2 + y^2 - z^2 = 1$ passando por $p = (1,0,0)$.

2) Mostre que, em coordenadas geodésicas polares, isto é, quando $E = 1$ e $F = 0$, as equações de geodésicas se escrevem como

$$\begin{cases} r'' - \frac{1}{2} \cdot G_r \cdot (\theta')^2 = 0 \\ \theta'' + \frac{G_r}{G} \cdot r' \cdot \theta' + \frac{1}{2} \cdot \frac{G_\theta}{G} \cdot (\theta')^2 = 0 \end{cases}.$$

Atividades aplicadas: prática

1) Seja $\alpha(t) = \phi(u(t), v(t))$ e $v(t) = a(t) \cdot \phi_u + b(t) \cdot \phi_v$ um vetor no plano tangente ao longo de α, em que a, b são funções suaves. Então, v é paralelo ao longo de α se, e somente se, as equações forem satisfeitas

$$\begin{cases} a' + (\Gamma^1_{11} \cdot u' + \Gamma^1_{12} \cdot v') \cdot a + (\Gamma^1_{12} \cdot u' + \Gamma^1_{22} \cdot v') \cdot b = 0 \\ b' + (\Gamma^2_{11} \cdot u' + \Gamma^2_{12} \cdot v') \cdot a + (\Gamma^2_{12} \cdot u' + \Gamma^2_{22} \cdot v') \cdot b = 0 \end{cases}.$$

2) Conclua sem usar derivadas covariantes e, depois, compare com os resultados do capítulo.

Ao longo do capítulo anterior, estudamos a geometria intrínseca envolvida no conceito das geodésicas e das derivadas covariantes.

Nosso próximo objetivo é demonstrar o teorema fundamental das superfícies e os dois teoremas de Gauss: Egregium e Elegantissimum (hoje conhecido como *Gauss-Bonnet*).

5

Geometria intrínseca II

5.1 Equações de compatibilidade

No Capítulo 4, demonstramos somente a primeira forma fundamental para calcularmos os símbolos de Christoffel. As equações a seguir nos permitem relacionar as funções da primeira e da segunda forma fundamental. Na literatura, elas são encontradas pelos nomes *equações de compatibilidade* ou *equações de Codazzi-Mainardi-Gauss*.

Teorema 5.1

Seja S uma superfície regular e $\phi: U \subset \mathbb{R}^2 \to S$ uma carta. Em todo o domínio U, valem as seguintes relações:

(1u) $FK = \left(\Gamma^1_{12}\right)_u - \left(\Gamma^1_{11}\right)_v + \Gamma^2_{12} \cdot \Gamma^1_{12} - \Gamma^2_{11} \cdot \Gamma^1_{22}$;

(1v) $EK = \left(\Gamma^2_{11}\right)_v - \left(\Gamma^2_{12}\right)_u + \Gamma^1_{11} \cdot \Gamma^2_{12} + \Gamma^2_{11} \cdot \Gamma^2_{22} - \Gamma^1_{12} \cdot \Gamma^2_{11} - \left(\Gamma^2_{12}\right)^2$;

(1N) $e_v - f_u = e \cdot \Gamma^1_{12} + f \cdot \left(\Gamma^2_{12} - \Gamma^1_{11}\right) - g \cdot \Gamma^2_{11}$;

(2u) $GK = \left(\Gamma^1_{22}\right)_u - \left(\Gamma^1_{12}\right)_v + \Gamma^2_{22} \cdot \Gamma^1_{12} + \Gamma^1_{22} \cdot \Gamma^1_{11} - \Gamma^2_{12} \cdot \Gamma^1_{22} - \left(\Gamma^1_{12}\right)^2$;

(2v) $FK = \left(\Gamma^2_{12}\right)_v - \left(\Gamma^2_{22}\right)_u + \Gamma^1_{12} \cdot \Gamma^2_{12} - \Gamma^1_{22} \cdot \Gamma^2_{11}$;

(2N) $g_u - f_v = g \cdot \Gamma^2_{12} + f \cdot \left(\Gamma^1_{12} - \Gamma^2_{22}\right) - e \cdot \Gamma^1_{22}$.

Demonstração

As seis equações decorrem das seguintes igualdades:

(1) $(\phi_{uu})_v = (\phi_{uv})_u$ e (2) $(\phi_{vv})_u = (\phi_{vu})_v$.

Mais especificamente, as três primeiras equações são derivadas ao equacionarmos os coeficientes da base $\{\phi_u, \phi_v, N\}$ no lado direito de (1). Analogamente ocorre para as três últimas equações com (2).

Vamos deduzir as três primeiras. Em (1), substituindo ϕ_{uu} e ϕ_{uv} pelas relações dos símbolos de Christoffel, temos:

$$\left(\Gamma^1_{11} \cdot \phi_u + \Gamma^2_{11} \cdot \phi_v + e \cdot N\right)_v = \left(\Gamma^1_{12} \cdot \phi_u + \Gamma^2_{12} \cdot \phi_v + f \cdot N\right)_u.$$

O lado esquerdo fica da seguinte forma:

$$\left(\Gamma^1_{11} \cdot \phi_u + \Gamma^2_{11} \cdot \phi_v + e \cdot N\right)_v =$$
$$= \left(\Gamma^1_{11}\right)_v \cdot \phi_u + \Gamma^1_{11} \cdot \phi_{uv} + \left(\Gamma^2_{11}\right)_v \cdot \phi_v + \Gamma^2_{11} \cdot \phi_{vv} + e_v \cdot N + e \cdot N_v.$$

Agora, usando novamente os símbolos de Christoffel para ϕ_{uv} e ϕ_{vv}, encontramos

$$\left(\Gamma^1_{11} \cdot \phi_u + \Gamma^2_{11} \cdot \phi_v + e \cdot N\right)_v =$$
$$= \left(\Gamma^1_{11}\right)_v \cdot \phi_u + \Gamma^1_{11} \cdot \left[\Gamma^1_{12} \cdot \phi_u + \Gamma^2_{12} \cdot \phi_v + f \cdot N\right] + \left(\Gamma^2_{11}\right)_v \cdot \phi_v + \Gamma^2_{11} \cdot$$
$$\left[\Gamma^1_{22} \cdot \phi_u + \Gamma^2_{22} \cdot \phi_v + g \cdot N\right] + e_v \cdot N + e \cdot N_v.$$

Observe que, da representação matricial da derivada da aplicação de Gauss, temos

$$N_v = -\frac{f \cdot G - g \cdot F}{E \cdot G - F^2} \cdot \phi_u - \frac{g \cdot E - f \cdot F}{E \cdot G - F^2} \cdot \phi_v.$$

Com essas substituições, o lado esquerdo de (1) é dado por

$$\left(\phi_{uu}\right)_v = \left\{\left(\Gamma^1_{11}\right)_v \cdot \phi_u + \Gamma^1_{11} \cdot \Gamma^1_{12} \cdot \phi_u + \Gamma^1_{11} \cdot \Gamma^2_{12} \cdot \phi_v + \Gamma^1_{11} \cdot f \cdot N\right\} +$$
$$+ \left\{\left(\Gamma^2_{11}\right)_v \cdot \phi_v\right\} + \left\{\Gamma^2_{11} \cdot \Gamma^1_{22} \cdot \phi_u + \Gamma^2_{11} \cdot \Gamma^2_{22} \cdot \phi_v + \Gamma^2_{11} \cdot g \cdot N\right\} +$$
$$+ \left\{e_v \cdot N\right\} - e \cdot \left\{\frac{f \cdot G - g \cdot F}{E \cdot G - F^2} \cdot \phi_u + \frac{g \cdot E - f \cdot F}{E \cdot G - F^2} \cdot \phi_v\right\}$$
$$= \left[\left(\Gamma^1_{11}\right)_v + \Gamma^1_{11} \cdot \Gamma^1_{12} + \Gamma^2_{11} \cdot \Gamma^1_{22} - e \cdot \frac{f \cdot G - g \cdot F}{E \cdot G - F^2}\right] \cdot \phi_u +$$
$$+ \left[\left(\Gamma^2_{11}\right)_v + \Gamma^1_{11} \cdot \Gamma^2_{12} + \Gamma^2_{11} \cdot \Gamma^2_{22} - e \cdot \frac{g \cdot E - f \cdot F}{E \cdot G - F^2}\right] \cdot \phi_v +$$
$$+ \left[\Gamma^1_{11} \cdot f + \Gamma^2_{11} \cdot g + e_v\right] \cdot N$$

Analogamente, para o lado direito, obtemos

$$\left(\phi_{uv}\right)_u = \left(\Gamma^1_{12} \cdot \phi_u + \Gamma^2_{12} \cdot \phi_v + f \cdot N\right)_u$$

$$= \left[\left(\Gamma^1_{12}\right)_u + \Gamma^1_{12} \cdot \Gamma^1_{11} + \Gamma^2_{12} \cdot \Gamma^1_{12} - f \cdot \frac{e \cdot G - f \cdot F}{E \cdot G - F^2}\right] \cdot \phi_u +$$

$$+ \left[\left(\Gamma^2_{12}\right)_u + \Gamma^1_{12} \cdot \Gamma^2_{11} + \Gamma^2_{12} \cdot \Gamma^2_{22} - f \cdot \frac{f \cdot E - e \cdot F}{E \cdot G - F^2}\right] \cdot \phi_v +$$

$$\left[\Gamma^1_{12} \cdot e + \Gamma^2_{12} \cdot f + f_u\right] \cdot N.$$

Por fim, igualando os coeficientes dos fatores ϕ_u e ϕ_v e N (lembrando que esse triedro forma uma base, isto é, são linearmente independentes), deduzimos:

- Coeficientes de ϕ_u

$$\left[\left(\Gamma^1_{11}\right)_v + \Gamma^1_{11} \cdot \Gamma^1_{12} + \Gamma^2_{11} \cdot \Gamma^1_{22} - e \cdot \frac{f \cdot G - g \cdot F}{E \cdot G - F^2}\right] =$$

$$= \left[\left(\Gamma^1_{12}\right)_u + \Gamma^1_{12} \cdot \Gamma^1_{11} + \Gamma^2_{12} \cdot \Gamma^1_{12} - f \cdot \frac{e \cdot G - f \cdot F}{E \cdot G - F^2}\right]$$

$$\Rightarrow \left(\Gamma^1_{12}\right)_u - \left(\Gamma^1_{11}\right)_v + \left(\Gamma^2_{12} \cdot \Gamma^1_{12}\right) - \left(\Gamma^2_{11} \cdot \Gamma^1_{22}\right) - f \cdot \frac{e \cdot G - f \cdot F}{E \cdot G - F^2} + e \cdot \frac{f \cdot G - g \cdot F}{E \cdot G - F^2} = 0$$

Note que

$$-f \cdot \frac{e \cdot G - f \cdot F}{E \cdot G - F^2} + e \cdot \frac{f \cdot G - g \cdot F}{E \cdot G - F^2} = F \cdot \frac{f^2 - e \cdot g}{E \cdot G - F^2} = F \cdot (-K).$$

Portanto, temos a equação (1u).

Para as outras equações, procedemos da mesma forma. ∎

5.2 Teorema Egregium de Gauss

Teorema 5.2
A curvatura gaussiana de uma superfície orientável é intrínseca.

Demonstração

Na seção anterior, deduzimos que os símbolos de Christoffel podem ser escritos em função da primeira forma fundamental. Substituindo essa relação em (1v), obtemos

$$K = \frac{1}{F} \cdot \left[\Gamma^2_{(11)_v} - \left(\Gamma^2_{12}\right)_u + \Gamma^1_{11} \cdot \Gamma^2_{12} + \Gamma^2_{11} \cdot \Gamma^2_{22} - \Gamma^1_{12} \cdot \Gamma^2_{11} - \left(\Gamma^2_{12}\right)^2 \right].$$

Portanto, a curvatura gaussiana depende apenas da primeira forma fundamental; logo, é intrínseca.

Observação 5.1

1. Note que podemos escrever a curvatura como diferença dos seguintes determinantes:

$$K = \frac{\det[\phi_{uu}\ \phi_u\ \phi_v] \cdot \det[\phi_{vv}\ \phi_u\ \phi_v] - \det[\phi_{uv}\ \phi_u\ \phi_v]^2}{\left(\|\phi_u\|^2 \cdot \|\phi_v\|^2 - \langle\phi_u,\phi_v\rangle^2\right)^2}.$$

Assim, utilizando as equações da primeira forma fundamental, segue

$$K = \frac{1}{(E \cdot G - F^2)^2} \cdot \left| \begin{array}{ccc} \dfrac{E_{vv} + F_{uv} - G_{uu}}{2} & \dfrac{E_u}{2} & F_u - \dfrac{E_v}{2} \\ F_v - \dfrac{G_u}{2} & E & F \\ \dfrac{G_v}{2} & F & G \end{array} \right| - \left| \begin{array}{ccc} 0 & \dfrac{E_v}{2} & \dfrac{G_u}{2} \\ \dfrac{E_v}{2} & E & F \\ \dfrac{G_u}{2} & F & G \end{array} \right|.$$

Tais equações são deduzidas das relações

$$e = \frac{\det[\phi_{uu}\ \phi_u\ \phi_v]}{\sqrt{E \cdot G - F^2}}\ \text{e}\ f = \frac{\det[\phi_{uv}\ \phi_u\ \phi_v]}{\sqrt{E \cdot G - F^2}}\ \text{e}\ g = \frac{\det[\phi_{vv}\ \phi_u\ \phi_v]}{\sqrt{E \cdot G - F^2}},$$

decorrentes das propriedades do produto vetorial e das equações dos coeficientes da segunda forma fundamental.

2. Se $E = 1$ e $F = 0$, a relação anterior nos fornece

$$K = -\frac{\left(\sqrt{G}\right)_{uu}}{\sqrt{G}}.$$

Em particular, essa é a expressão para a curvatura gaussiana em coordenadas polares.

3. Com o auxílio de (1), verificamos que, se $F : S \to \overline{S}$ é uma isometria entre superfícies regulares, então

$$K_S(p) = K_{\overline{S}}(F(p))\ \forall p \in S.$$

De fato, seja $\phi: U \to S$ uma carta de S. Vamos definir $\psi \doteq F \circ \phi$. Então, a restrição
$F_{|\phi(u)}: \phi(u) \to \psi(\phi)$

é uma isometria. Assim, tanto a primeira como a segunda forma fundamental das duas cartas são escritas da mesma maneira, ou seja,

$E_\phi = E_\psi, F_\phi = F_\psi$ e $G_\phi = G_\psi$.

Isso implica igualdade em relação às derivadas parciais. Logo, por (1),
$K_\phi = K_\psi$.

Portanto, se K_S é a curvatura de S e $K_{\bar{S}}$ é a curvatura de $\bar{S}$,

$$K_{\bar{S}} \circ F = \left(K_\psi \circ \psi^{-1}\right) \circ F = \left(K_\psi \circ \psi^{-1}\right) \circ \left(\psi \circ \phi^{-1}\right) = K_\psi \circ \phi^{-1} = K_S.$$

4. A caracterização do teorema Egregium anterior nos permite concluir, formalmente, que o plano e a esfera não são isométricos, uma vez que a curvatura do plano é zero e a da esfera não é.

5.3 Teorema fundamental das superfícies

Assim como as curvas no espaço ficam determinadas por sua curvatura e sua torção, os coeficientes da primeira e da segunda forma fundamental determinam localmente uma superfície. Para demonstrarmos esse fato, vamos analisar um sistema de equações diferenciais.

Teorema 5.3

Vamos supor funções $F, E, G, f, e, g: U \to \mathbb{R}$, em que $U \subset \mathbb{R}^2$ é aberto e conexo, tais que as equações de compatibilidade sejam satisfeitas e, além disso, satisfazendo $E, G, (E \cdot G - F^2) > 0$. Então

a) Existe uma superfície regular S em que a primeira e a segunda forma têm como coeficientes E, F, G, e, f e g.
b) Se S e $\bar{S}$ são duas superfícies regulares com coeficientes da primeira e da segunda forma iguais a E, F, G, e, f e g, então existe uma isometria I de $\mathbb{R}^3$ tal que $S = I(\bar{S})$.

Demonstração

A prova baseia-se na definição de um triedro de vetores que satisfaça determinado sistema de equações diferenciais parciais, isto é, um triedro $\{X(u, v), Y(u, v), N(u, v)\}$ tal que

$$\begin{cases} \dfrac{\partial X}{\partial u} = \Gamma_{11}^1 \cdot X + \Gamma_{11}^2 \cdot Y + e \cdot N \\ \dfrac{\partial X}{\partial v} = \dfrac{\partial Y}{\partial u} = \Gamma_{12}^1 \cdot X + \Gamma_{12}^2 \cdot Y + f \cdot N \\ \dfrac{\partial Y}{\partial v} = \Gamma_{22}^1 \cdot X + \Gamma_{22}^2 \cdot Y + g \cdot N \\ \dfrac{\partial N}{\partial u} = \dfrac{f \cdot F - e \cdot G}{E \cdot G - F^2} \cdot X + \dfrac{e \cdot F - f \cdot E}{E \cdot G - F^2} \cdot Y \\ \dfrac{\partial N}{\partial v} = \dfrac{g \cdot F - f \cdot G}{E \cdot G - F^2} \cdot X + \dfrac{f \cdot F - g \cdot E}{E \cdot G - F^2} \cdot Y \end{cases}$$

- em que os coeficientes Γ_{ij}^k são definidos por E, F, G, e, f e g. Observe que esse sistema dá origem a outro, de equações diferenciais parciais de $U \times \mathbb{R}^9$ composto de 15 equações com 9 incógnitas.

Esse sistema tem solução, pois as equações de compatibilidade são satisfeitas, por hipótese. Então, dado $(u_0, v_0) \in U$, existe uma única solução de classe C^3 em uma vizinhança desse ponto que satisfaz as condições impostas.

Suponhamos X, Y e N soluções do sistema com condições iniciais

$X(u_0, v_0)$, $Y(u_0, v_0)$ e $N(u_0, v_0)$

satisfazendo

$$\begin{cases} \|X(u_0, v_0)\|^2 = E(u_0, v_0) \\ \langle X, Y \rangle(u_0, v_0) = F(u_0, v_0) \\ \|Y(u_0, v_0)\|^2 = G(u_0, v_0) \\ \|N(u_0, v_0)\|^2 = 1 \\ \langle X, N \rangle(u_0, v_0) = 0 = \langle Y, N \rangle(u_0, v_0). \end{cases}$$

Com essa solução, formamos um novo sistema

$$\begin{cases} \phi_u = X \\ \phi_v = Y \end{cases}$$

que satisfaz

$(\phi_u)_v = X_v = Y_u = (\phi_u)_u.$

Portanto, pela teoria de equações diferenciais parciais, esse sistema tem uma única solução em uma vizinhança (possivelmente menor) de (u_0, v_0) em para a condição inicial

$\phi(u_0, v_0) = p_0 \in \mathbb{R}^3$.

A seguir, vamos verificar que ϕ é uma carta de superfície cujos coeficientes da primeira e da segunda forma fundamental são: E, F, G, e, f e g. De fato, por construção, $\{\phi_u, \phi_v, N\}$ satisfaz as equações dos símbolos de Christoffel. Com as funções

$$\begin{cases} h_1 = \langle \phi_u, \phi_u \rangle \\ h_2 = \langle \phi_u, \phi_v \rangle \\ h_3 = \langle \phi_v, \phi_v \rangle \\ h_4 = \langle N, N \rangle \\ h_5 = \langle \phi_u, N \rangle \\ h_6 = \langle \phi_v, N \rangle, \end{cases}$$

podemos obter o sistema com 12 equações

$$\begin{cases} (h_1)_u = A_1(u, v, h_1, \ldots, h_6) \\ (h_1)_v = B_1(u, v, h_1, \ldots, h_6) \\ \quad \vdots \\ (h_6)_u = A_6(u, v, h_1, \ldots, h_6) \\ (h_6)_v = B_6(u, v, h_1, \ldots, h_6), \end{cases}$$

satisfazendo as condições iniciais

$$\begin{cases} h_1(u_0, v_0) = E(u_0, v_0) \\ h_2(u_0, v_0) = F(u_0, v_0) \\ h_3(u_0, v_0) = G(u_0, v_0) \\ \quad h_4(u_0, v_0) = 1 \\ h_5(u_0, v_0) = h_6(u_0, v_0) = 0. \end{cases}$$

Portanto, pela unicidade da solução,

$$\begin{cases} h_1 = \langle \phi_u, \phi_u \rangle = E \\ h_2 = \langle \phi_u, \phi_v \rangle = F \\ h_3 = \langle \phi_v, \phi_v \rangle = G \\ h_4 = \langle N, N \rangle = 1 \\ h_5 = \langle \phi_u, N \rangle = 0 \\ h_6 = \langle \phi_v, N \rangle = 0 \end{cases}$$

Note, ainda, que

$$\| \phi_u \times \phi_v \|^2 = \| \phi_u \|^2 \cdot \| \phi_v \|^2 - \langle \phi_u, \phi_v \rangle^2 = E \cdot G - F^2 > 0$$

$$N = \frac{(\phi_u \times \phi_v)}{\| \phi_u \times \phi_v \|} \text{ é unitário.}$$

Além disso, os coeficientes da segunda forma fundamental, após efetuarmos os cálculos, são dados por

$$\phi_{uu}, N = e, \phi_{uv}, N = f \text{ e } \langle \phi_{vv}, N \rangle = g.$$

Também, se $\phi: \overline{U} \subset U \to \mathbb{R}^3$ é dado por

$$\phi(u, v) = (x(u, v), y(u, v), z(u, v)), (u, v) \in \overline{U},$$

pelo teorema da função inversa, aplicado ao ponto (u_0, v_0), podemos garantir que ϕ é um homeomorfismo com $\phi_u \times \phi_v \neq 0$. Logo, $\phi(\overline{U})$ é uma superfície regular de $\mathbb{R}^3$. Com isso provamos o item (a).

Para provarmos (b), suponhamos ϕ e $\overline{\phi}$ parametrizações tais que as duas formas fundamentais sejam idênticas, isto é,

$$E = \overline{E}, F = \overline{F}, G = \overline{G}, e = \overline{e}, f = \overline{f}, g = \overline{g}, N = \overline{N},$$

em que a barra representa de qual carta é a forma. Daí, temos

$$\langle \overline{\phi_u}, \overline{\phi_u} \rangle(u_0, v_0) = \langle \phi_u, \phi_u \rangle(u_0, v_0) = E(u_0, v_0)$$
$$\langle \overline{\phi_u}, \overline{\phi_v} \rangle(u_0, v_0) = \langle \phi_u, \phi_v \rangle(u_0, v_0) = F(u_0, v_0)$$
$$\langle \overline{\phi_v}, \overline{\phi_v} \rangle(u_0, v_0) = \langle \phi_v, \phi_v \rangle(u_0, v_0) = G(u_0, v_0)$$
$$\langle \overline{N}, \overline{N} \rangle(u_0, v_0) = \langle N, N \rangle(u_0, v_0) = 1$$
$$\langle \overline{\phi_u}, \overline{N} \rangle(u_0, v_0) = \langle \phi_u, N \rangle(u_0, v_0) = 0$$
$$\langle \overline{\phi_v}, \overline{N} \rangle(u_0, v_0) = \langle \phi_v, N \rangle(u_0, v_0) = 0$$

Desse modo, podemos levar o triedro $\{\phi_u(u_0, v_0)\ \phi_v(u_0, v_0), N(u_0, v_0)\}$ no triedro $\{\overline{\phi_u}(u_0, v_0), \overline{\phi_v}(u_0, v_0), \overline{N}\}$ por meio de uma rotação R e uma translação L. Então, a isometria $I \doteq L \circ R : \mathbb{R}^3 \to \mathbb{R}^3$ é tal que $\{\overline{\phi_u}, \overline{\phi_v}, \overline{N}\}$ e $\{dF(\phi_u), dF(\phi_v), dF(N)\}$ satisfazem o mesmo sistema de equações dos símbolos de Christoffel, com condição inicial dada.

Portanto, por unicidade, devemos ter em uma vizinhança do ponto (u_0, v_0).

$$\overline{\phi} = I \circ \phi.$$

Isso conclui a prova do item (b) e do teorema.

Síntese
Finalizamos este capítulo ressaltando como os símbolos de Christoffel podem nos ser úteis. Tal como mencionamos, dessas fórmulas, podemos deduzir relações entre a primeira e a segunda forma fundamental e novas formulações para conceitos já apresentados. O resultado mais profundo que demonstramos (com o auxílio da teoria das equações diferenciais) foi o teorema fundamental das superfícies, que é uma versão para superfícies do resultado similar para curvas.

Atividades de autoavaliação

1) Classifique as afirmações a seguir como verdadeiras (V) ou falsas (F):
 ( ) $(\phi_{uu})_v = (\phi_{uv})_v$.
 ( ) $\{\phi_u, \phi_v, N\}$ é base ortonormal.
 ( ) Se $F \neq 0$, então $K = \frac{f^2 - eg}{EG - F^2}$.
 ( ) Se $\Gamma_{12}^2 = \Gamma_{22}^2 = \Gamma_{11}^2$, $\Gamma_{12}^1 = \Gamma_{22}^1$, então $K > 0$.
 ( ) Se $f = e = 0$ e $F \neq 0$, então $K = 0$

2) Classifique as afirmações a seguir como em verdadeiras (V) ou falsas (F):
   ( ) Se $(\Gamma^2_{12})_v = (\Gamma^2_{22})_u$, $\Gamma^1_{12}\Gamma^2_{12} = \Gamma^1_{22}\Gamma^2_{11}$ e $F \neq 0$, então $k = 0$.
   ( ) O coeficiente Γ^1_{12} não pode ser derivado em relação a u.
   ( ) N_v não pode ser escrito em termos de f, g, E, F, G, ϕ_u e ϕ_v.
   ( ) Se $g = f = 0$, então $e \cdot \Gamma^1_{12} > 1 + e^2$.
   ( ) ϕ_{uu} não pode ser escrito apenas em termos dos símbolos de Christoffel e da base $\{\phi_u, \phi_v, N\}$.

3) Classifique as afirmações a seguir como verdadeiras (V) ou falsas (F):
   ( ) K não pode ser escrito em função de determinantes das derivadas, e das próprias derivadas, da função ϕ.
   ( ) Se $F: S \to T$ é uma isometria, então $K_T(F(p)) > K_S(p)$ para algum $p \in S$.
   ( ) O teorema Egrégium mostra que o plano e a esfera são isométricos.
   ( ) Se $E = 1$, $F = 0$ e G não depende de u, então $K = 0$.
   ( ) Se $EG - F^2 = 1$ e $F_u = \frac{E_v}{2} + \frac{G_u}{2}$, então $K = 0$.

4) Classifique as afirmações a seguir como em verdadeiras (V) ou falsas (F):
   ( ) Existem superfícies isométricas S e T com $E_S = 2E_T$ e $E_S > 0$.
   ( ) Não existe superfície regular com $E = 1$.
   ( ) O teorema fundamental das superfícies mostra que superfícies com mesmos E, F, G, e, f, g são isométricas.
   ( ) O teorema fundamental das superfícies mostra que existe isometria entre o plano e a esfera.
   ( ) A curvatura gaussiana de superfícies orientáveis depende de parametrização.

5) Classifique as afirmações a seguir como verdadeiras (V) ou falsas (F):
   ( ) Se $S, \overline{S}$ são isométricas, então $EG - F^2 \neq \overline{E}\,\overline{G} - \overline{F}^2$.
   ( ) Se $E = 1$, $F = 0$, então K é uma constante.
   ( ) $|\phi_u|^2 |\phi_v|^2 - \langle \phi_u, \phi_v \rangle \neq 0$
   ( ) Uma superfície não é isométrica a si mesma.
   ( ) $\{\phi_u, \phi_v\}$ é um conjunto linearmente dependente; logo $\{\phi_u, \phi_v, N\}$ não é uma base.

Atividades de aprendizagem

Questões para reflexão

1) Para o caso de $E = 1$, $F = 0$ e $G = f(u)^2$ oriundos da parametrização

   $\phi(u, v) = (f(u) \cdot \cos(v), f(u) \cdot \text{sen}(v), g(u))$

nos fornece a curvatura

$$K = -\frac{f''}{f}.$$

2) Seja ϕ uma parametrização, então os símbolos de Cristoffel associados a ϕ satisfazem

$$\begin{cases} \Gamma^1_{11} + \Gamma^2_{12} = \left(ln\left(\sqrt{E \cdot G - F^2}\right)\right)_u \\ \Gamma^1_{12} + \Gamma^2_{22} = \left(ln\left(\sqrt{E \cdot G - F^2}\right)\right)_v. \end{cases}$$

3) Supondo $E = G = 1$ e $F = \cos(\theta)$, mostre que $K = -\frac{\theta_{uv}}{\text{sen}(\theta)}$.

4) Suponha que uma superfície tenha como primeira forma fundamental $E \cdot du^2 + G \cdot dv^2$ e, como segunda forma fundamental, $e \cdot du^2 + g \cdot dv^2$. Mostre que as curvaturas principais $\kappa_1 = \frac{e}{E}$ e $\kappa_2 = \frac{g}{G}$ satisfazem

$$(\kappa_1)_v = \frac{E_v}{2 \cdot E} \cdot (\kappa_2 - \kappa_1) \text{ e } (\kappa_2)_u = \frac{G_u}{2 \cdot G} \cdot (\kappa_1 - \kappa_2).$$

Atividades aplicadas: prática

1) Utilizando o teorema Egregium de Gauss, mostre que qualquer mapa de uma região da superfície da Terra deve cometer erros de distorção.

2) Seja $\phi; U \to \mathbb{R}^3$ uma parametrização. Mostre que a curvatura gaussiana de ϕ é dada por

$$K = \frac{1}{(E \cdot G - F^2)^2}$$

$$\cdot \left\{ \det \begin{bmatrix} \langle \phi_{uu}, \phi_{vv} \rangle & \langle \phi_{uu}, \phi_u \rangle & \langle \phi_{uu}, \phi_v \rangle \\ \langle \phi_u, \phi_{vv} \rangle & \langle \phi_u, \phi_u \rangle & \langle \phi_u, \phi_v \rangle \\ \langle \phi_v, \phi_{vv} \rangle & \langle \phi_v, \phi_u \rangle & \langle \phi_v, \phi_v \rangle \end{bmatrix} \right.$$

$$\left. - \det \begin{bmatrix} \langle \phi_{uv}, \phi_{uv} \rangle & \langle \phi_{uv}, \phi_u \rangle & \langle \phi_{uv}, \phi_v \rangle \\ \langle \phi_u, \phi_{uv} \rangle & \langle \phi_u, \phi_u \rangle & \langle \phi_u, \phi_v \rangle \\ \langle \phi_v, \phi_{uv} \rangle & \langle \phi_v, \phi_u \rangle & \langle \phi_v, \phi_v \rangle \end{bmatrix} \right\}.$$

3) Nas hipóteses do exercício anterior, mostre que

$$\langle \phi_{uu}, \phi_{vv} \rangle - \langle \phi_{uv}, \phi_{uv} \rangle = -\frac{1}{2} \cdot E_{vv} + F_{uv} - \frac{1}{2} \cdot G_{uu}.$$

4) Utilizando os itens anteriores, mostre a chamada *fórmula de Brioschi*:

$$K = \frac{1}{\left(E \cdot G - F^2\right)^2} \cdot \left[\begin{array}{ccc} \dfrac{-E_{vv} + 2 \cdot F_{uv} - G_{uu}}{2} & \dfrac{E_u}{2} & F_u - \dfrac{E_v}{2} \\ F_v - \dfrac{G_u}{2} & E & F \\ \dfrac{G_v}{2} & F & G \end{array} \right] - \left[\begin{array}{ccc} 0 & \dfrac{E_v}{2} & \dfrac{G_u}{2} \\ \dfrac{E_v}{2} & E & F \\ \dfrac{G_u}{2} & F & G \end{array} \right].$$

5) Utilizando a fórmula acima, mostre que, quando $F = 0$,

$$K = -\frac{1}{2 \cdot \sqrt{E \cdot G}} \cdot \left[\left(\frac{G_u}{\sqrt{E \cdot G}} \right)_u + \left(\frac{E_v}{\sqrt{E \cdot G}} \right)_v \right].$$

Além disso, caso $E = G$.

$$K = -\frac{(ln(G))_{uu} + (ln(G))_{vv}}{2 \cdot G}.$$

6) Utilizando os exercícios anteriores, mostre que não existe nenhuma superfície tal que $E = G = 1, F = 0$ e $e = 1, g = -1, f = 0$.

7) Utilizando o exercício 5, calcule as curvaturas gaussianas de
   a. paraboloide de equação $x^2 + y^2 = 2 \cdot z$.
   b. toro de equação $\phi(u, v) = ((a + b \cdot \cos(u)) \cdot \cos(v), (a + b \cdot \cos(u)) \cdot \sen(v), b \cdot \sen(u))$.

8) Utilize o teorema Egregium de Gauss para justificar que as superfícies esfera, cilindro e sela não são localmente isométricas (duas a duas).

Neste último capítulo, vamos lançar mão de todas as ferramentas desenvolvidas no decorrer dos capítulos anteriores para demonstrar o teorema de Gauss-Bonnet nas versões local e global. Veremos que esse resultado faz uma ligação não trivial entre geometria e topologia.

6

Gauss-Bonnet

6.1 Teoremas de Hopf e Jordan

Os resultados que apresentaremos nesta seção são de extrema importância para demonstrarmos os teoremas de Gauss-Bonnet. São proposições muito bonitas e clássicas no estudo de geometria, mas fogem do escopo de nosso livro; por isso, deixaremos indicadas referências para consulta.

Teorema 6.1

Seja $\gamma: [a, b] \to \mathbb{R}^2$ uma curva fechada e simples no plano, isto é, $\gamma(a) = \gamma(b)$, sem autointerseções em γ, denotemos por C seu traço.

1. **Fibração de Hopf** – O índice de rotação de γ é 1 ou –1, isto é, se $\theta: I \to \mathbb{R}$ é a função ângulo associada a γ, então

$$\left(\text{índice de rotação de } \gamma\right) = \frac{1}{2\pi}\left(\theta(b) - \theta(a)\right) = \pm 1.$$

2. **Teorema de curva de Jordan** – O conjunto
$\mathbb{R}^2 \setminus C = \{p \in \mathbb{R}^2; p \notin C\}$
tem apenas duas componentes conexas por caminhos e suas fronteiras são o conjunto C. Uma dessas componentes é limitada (interior de C) e a outra é não limitada (exterior de C).

Na realidade, precisamos de uma generalização do teorema de Hopf para curvas regulares por partes. Vejamos, primeiramente, a definição precisa do termo citado.

Definição 6.1

Uma curva regular por partes em $\mathbb{R}^n$ é uma função contínua $\gamma: [a, b] \to \mathbb{R}^n$ com partição $a = t_0 < t_1 < \ldots < t_n = b$ tal que a restrição γ_i de γ a cada subintervalo $[t_i, t_{i+1}]$ é uma curva regular. Além disso, dizemos que γ é fechada se $\gamma(a) = \gamma(b)$; simples se γ é injetora em $[a, b]$ e de velocidade unitária se cada $|\gamma'_i| = 1$ para todo $i = 0, \ldots, n$.

Quanto à orientação γ, uma curva regular por partes, dizemos que:

- γ é orientada positivamente se $R_{90}(\gamma'(t))$ aponta para o interior da curva fechada para todos os valores de t, exceto nos pontos finais da partição;
- caso contrário, γ é orientada negativamente.

Figura 6.1 – Curva regular por partes

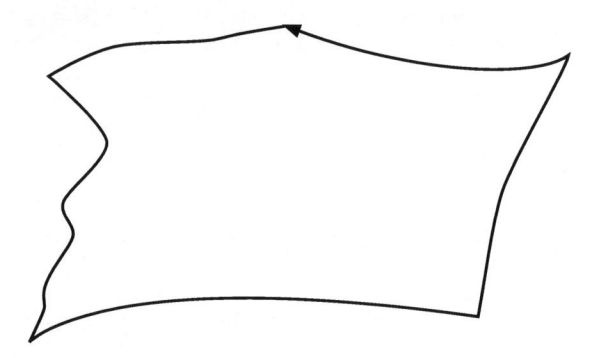

Seja $\gamma\colon [a, b] \to \mathbb{R}^2$ uma curva regular por partes com partição $a = t_0 < t_1 < \ldots < t_n = b$. Cada ponto $\gamma(t_i)$ é canto de γ. Nesse canto, temos dois vetores velocidade (não nulos) oriundos dos limites à esquerda e à direita:

$$V^-(t_i) \doteq \lim_{h \to 0^-} \frac{\gamma(t_i + h) - \gamma(t_i)}{h}$$
$$V^+(t_i) \doteq \lim_{h \to 0^+} \frac{\gamma(t_i + h) - \gamma(t_i)}{h}.$$

O ângulo com sinal em $\gamma(t_i)$ denotado por $\alpha_i \in [-\pi, \pi]$ é definido de tal forma que seu valor absoluto é o menor ângulo entre $V^-(t_i)$ e $V^+(t_i)$. O sinal de α_i é:

- positivo se $V^+(t_i)$ é uma rotação no sentido anti-horário de $V^-(t_i)$;
- negativo se $V^+(t_i)$ é uma rotação no sentido horário de $V^-(t_i)$

Figura 6.2 – Ângulos com sinal

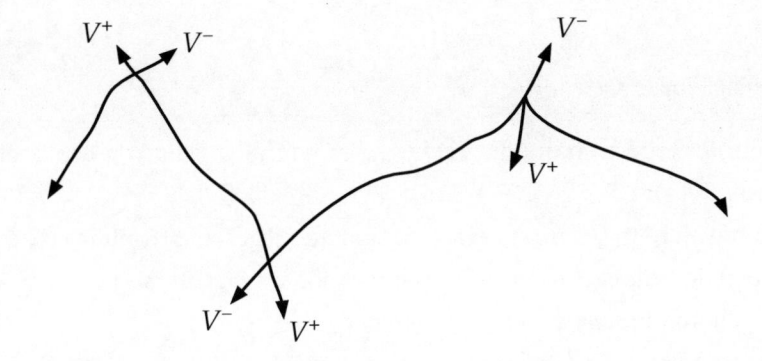

Caso $V^+(t_i)$ seja um múltiplo negativo de $V^-(t_i)$, dizemos que $\gamma(t_i)$ é uma *cúspide*.

Feitas todas essas definições, podemos enunciar a generalização para Hopf.

Teorema 6.2

Seja $\gamma: [a, b] \to \mathbb{R}^2$ uma curva com velocidade unitária, orientada positivamente, regular por partes, fechada e simples. Denotemos k_s por sua curvatura com sinal e $\{\alpha_i\}$ o conjunto dos ângulos com sinal dos cantos de γ. Então,

$$\int_a^b \kappa_s(t)\, dt + \sum \alpha_i = 2\pi.$$

Observação 6.1

1. Nossa curva é regular por partes. Desse modo, a integral deve ser entendida como o somatório

$$\sum_i \left(\int_{t_i}^{t(i+1)} \kappa_s(t)\, dt \right).$$

2. Caso γ não tenha cantos e θ seja sua função ângulo, então $\theta' = k_s$. Logo,

$$\int_a^b \kappa_s(t)\, dt = \theta(b) - \theta(a) = 2\pi \left(= \text{índice de rotação} \right)$$
$$\Rightarrow \text{índice de rotação} = 1.$$

Agora que temos tudo de que precisamos em mãos, vamos prosseguir para as demonstrações dos teoremas de Gauss-Bonnet.

6.2 Teorema de Gauss-Bonnet local

Definição 6.2

Seja S uma superfície orientada.

1. Um subconjunto $R \subset S$ é chamado *região de S* se é igual à união de um aberto em S com sua fronteira.
2. Uma região regular em S é uma região compacta $R \subset S$ cuja fronteira ∂R é igual à união do traço de finitas curvas simples e fechadas, sem interseção, em S. Cada traço individual é chamado *componente de fronteira de R*.
3. Seja R uma região regular em S, uma parametrização $\gamma\colon [a, b] \to \mathbb{R}$ de uma componente regular de R é chamada *positivamente orientada* se $R_{90}(\gamma'(t))$ aponta para o centro de R, para todo $t \in [a, b]$ que não é um vértice.

Figura 6.3 – Região regular

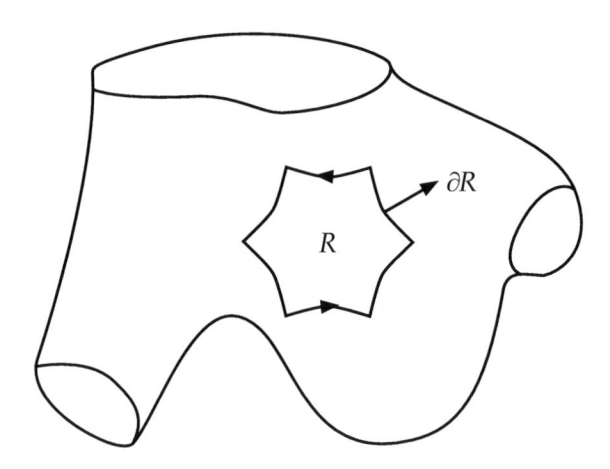

Teorema 6.3

Seja S uma superfície regular orientada e $R \subset S$ uma região regular com uma componente de fronteira tal que R seja coberta por uma única carta. Dado $\gamma\colon [a, b] \to \mathbb{R}$ uma curva com velocidade unitária que parametriza ∂R positivamente com ângulos com sinais $\{\alpha_i\}$, então

$$\int_a^b K_g(t)\,dt + \sum \alpha_i = 2\pi - \iint_R K\,dx\,dy.$$

em que a integral do lado esquerdo deve ser interpretada como o somatório

$$\sum_i \int_{t_i}^{t_{i+1}} \kappa_g(t)\,dt.$$

Demonstração

Seja $\phi: U \subset R^2 \to V \subset S$ a parametrização de S com $R \subset V$. Como γ parametriza $\partial R \subset V$, podemos definir

$$\bar{\gamma}(t) = \phi^{-1}(\gamma(t)), t \in [a, b]$$

uma curva regular por partes fechada em U, que é a fronteira do conjunto

$$\bar{R} \doteq \phi^{-1}(R)$$

Além disso, $\bar{\gamma}(t) = (u(t), v(t))$ é positivamente orientada. Denotemos $\bar{C}$ por o traço de $\bar{\gamma}$. Agora, para cada $q \in U$, definimos

$$X(q) \doteq \frac{\phi_u(q)}{\|\phi_u(q)\|} \text{ e } Y(q) := R_{90}(X(q)).$$

Desse modo, temos uma base ortonormal formada pelos vetores $\{X(q), Y(q)\}$ de $T_{\phi(q)}S$. Vamos definir também

$$N \doteq X(q) \times Y(q).$$

Assim, o triedro $\{X, Y, N\}$ é ortonormal para qualquer ponto.

Em seguida, por derivação, obtemos as seguintes igualdades:

$$\langle X_u, Y \rangle = -\langle X, Y_u \rangle \text{ e } \langle X_v, Y \rangle = -\langle X, Y_v \rangle$$
$$\langle X_u, N \rangle = -\langle X, N_u \rangle \text{ e } \langle X_v, N \rangle = -\langle X, N_v \rangle$$
$$\langle Y_u, N \rangle = -\langle Y, N_u \rangle \text{ e } \langle Y_v, N \rangle = -\langle Y, N_v \rangle$$
$$\langle X_u, X \rangle = \langle X_v, X \rangle = \langle Y_u, Y \rangle = \langle Y_v, Y \rangle = 0$$
$$\langle N_u, N \rangle = \langle N_v, N \rangle = 0$$

Seja $I = [t_i, t_{i+1}]$ um subintervalo em que γ é regular. Para $t \in I$, definimos

$$X(t) \doteq X(\bar{\gamma}(t)) \text{ e } Y(t) \doteq Y(\bar{\gamma}(t)).$$

Então, existe uma função ângulo $\theta\colon I \to \mathbb{R}$ tal que

$$\gamma'(t) = \cos(\theta(t)) \cdot X(t) + \text{sen}(\theta(t)) \cdot Y(t), \forall t \in I$$

Por construção, θ mede o ângulo que γ' faz com relação à direção positiva no eixo u.

Observe que, se X for um campo paralelo ao longo de γ, então devemos ter $\kappa_g = \theta'$; caso contrário, devemos ter

$$\kappa_g = \theta' + \text{(o que falta para ser paralelo)}.$$

Derivando γ', obtemos:

$$\begin{aligned}
\gamma'' &= [-\theta'\text{sen}(\theta) \cdot X + \cos(\theta) \cdot X'] + [\theta' \cdot \cos(\theta) \cdot Y + \text{sen}(\theta) \cdot Y'] \\
&= \theta'[\cos(\theta) \cdot Y - \text{sen}(\theta) \cdot X] + [\cos(\theta) \cdot X' + \text{sen}(\theta)Y'] \\
&= \theta' \cdot R_{90}(\gamma') + [\cos(\theta) \cdot X' + \text{sen}(\theta) \cdot Y'].
\end{aligned}$$

Como

$$R_{90}(\gamma') = N \times \gamma' = -\text{sen}(\theta) \cdot X + \cos(\theta) \cdot Y',$$

segue

$$\begin{aligned}
\kappa_g &= \langle \gamma'', R_{90}(\gamma') \rangle \\
&= \langle \theta' \cdot R_{90}(\gamma'), R_{90}(\gamma') \rangle + \langle \cos(\theta) \cdot X' + \text{sen}(\theta) \cdot Y', \cos(\theta) \cdot Y - \text{sen}(\theta) \cdot X \rangle \\
&= \theta' \cdot \left\| R_{(90)(\gamma')} \right\|^2 + \langle \cos(\theta) \cdot X', \cos(\theta) \cdot Y \rangle - \langle \cos(\theta) \cdot X', \text{sen}(\theta) \cdot X \rangle \\
&\quad + \langle \text{sen}(\theta) \cdot Y', \cos(\theta) \cdot Y \rangle - \langle \text{sen}(\theta) \cdot Y', \text{sen}(\theta) \cdot X \rangle \\
&= \theta' \cdot 1 + \cos^2(\theta) \cdot \langle X', Y \rangle - \text{sen}^2(\theta) \cdot \langle Y', X \rangle - \langle \cos(\theta) \cdot X', \text{sen}(\theta) \cdot X \rangle \\
&\quad + \langle \text{sen}(\theta) \cdot Y', \cos(\theta) \cdot Y \rangle \\
&= \theta' + \left(\cos^2(\theta) + \text{sen}^2(\theta) \right) \cdot \langle X', Y \rangle = \theta' + \langle X', Y \rangle.
\end{aligned}$$

Nossos cálculos nos levam a crer que, para demonstrar Gauss-Bonnet (local), basta verificar as seguintes afirmações:

Afirmação 1: $\int_a^b \theta'(t)\,dt + \sum \alpha_i = 2\pi$.

Afirmação 2: $\int_a^b \langle X'(t), Y(t) \rangle\,dt = -\iint_R K\,dxdy$.

De fato, a afirmação 1 decorre do teorema de Hopf geral. Vamos verificar a afirmação 2. Para isso, definimos o campo vetorial $F\colon U \to \mathbb{R}^2$ por

$$F \doteq (P, Q) = (\langle X_u, Y \rangle, \langle X_v, Y \rangle).$$

Note que

$$X' = u' \cdot X_u + v' \cdot X_v.$$

Pelo teorema de Green,

$$\int_a^b \langle X', Y \rangle dt = \oint_{\overline{C}} F\, d\overline{\gamma} = \iint_{\overline{R}} (Q_u - P_v)\, du\, dv$$
$$= \iint_{\overline{R}} (\langle X_v, Y \rangle_u - \langle X_u, Y \rangle_v)\, du\, dv$$
$$= \iint_{\overline{R}} \langle X_v, Y_u \rangle - \langle X_u, Y_v \rangle\, du\, dv$$
$$= \iint_{\overline{R}} \frac{\langle X_v, Y_u \rangle - \langle X_u, Y_v \rangle}{\|d\phi\|} \cdot \|d\phi\|\, du\, dv,$$

em que $\|d\phi\| = \|\phi_u \times \phi_v\|$. Falta apenas provar que o integrando anterior é igual a $-K$. Para tanto, seja $q \in U$ e $p \doteq \phi(q)$. Assim, K é o determinante da matriz representando a aplicação $-dN_p$ para a base de T_pS. Então, vamos usar a base formada por $\{X, Y\}$, mas precisaremos mudar para a base $\{\phi_u, \phi_v\}$. Vamos definir a matriz

$$M = \begin{bmatrix} a & c \\ b & d \end{bmatrix}$$

tal que

$X = a \cdot \phi_u + b \cdot \phi_v$ e $Y = c \cdot \phi_u + d \cdot \phi_v$ (em q).

Segue

$$\|d\phi_q\| = \|(\phi_u \times \phi_v)_q\| = \det(M^{-1}) = \frac{1}{a \cdot d - b \cdot c}.$$

A curvatura gaussiana de S em p é

$$K(p) = \det \begin{bmatrix} \langle dN_p(X), X \rangle & \langle dN_p(Y), X \rangle \\ \langle dN_p(X), Y \rangle & \langle dN_p(Y), Y \rangle \end{bmatrix}.$$

Observe que

$$\langle dN_p(X), X \rangle = \langle dN_p(a \cdot \phi_u + b \cdot \phi_v), X \rangle$$
$$= \langle a \cdot dN_p(\phi_u), X \rangle + \langle b \cdot dN_p(\phi_u), X \rangle$$
$$= \langle a \cdot N_u, X \rangle + \langle b \cdot N_v, X \rangle.$$

Analogamente para os outros termos, podemos reescrever K como

$$K(p) = \det\left\{\begin{bmatrix} \langle N_u, X\rangle & \langle N_v, X\rangle \\ \langle N_u, Y\rangle & \langle N_v, Y\rangle \end{bmatrix} \cdot \begin{bmatrix} a & c \\ b & d \end{bmatrix}\right\}$$

$$= \left[\langle N_u, X\rangle \cdot \langle N_v, Y\rangle - \langle N_u, Y\rangle \cdot \langle N_v, X\rangle\right] \cdot [a\cdot d - b\cdot c]$$

$$= \left[\langle N, X_u\rangle \cdot \langle N, Y_v\rangle - \langle N, Y_u\rangle \cdot \langle N, X_v\rangle\right] \cdot [a\cdot d - b\cdot c]$$

$$= \frac{\langle N, X_u\rangle \cdot \langle N, Y_v\rangle}{\|d\phi_p\|} - \frac{\langle N, Y_u\rangle \cdot \langle N, X_v\rangle}{\|d\phi_p\|}$$

$$= \frac{\langle X_u, Y_v\rangle}{\|d\phi_p\|} - \frac{\langle Y_u, X_v\rangle}{\|d\phi_p\|}$$

$$\Rightarrow -K(p) = \frac{1}{\|d\phi_p\|}\left[\langle X_v, Y_u\rangle - \langle X_u, Y_v\rangle\right].$$

Finalmente, juntando todas as informações, concluímos

$$\int_a^b \langle X'(t), Y(t)\rangle\, dt = -\iint_R K \cdot \|d\phi\|\, du\, dv = -\iint_R K\, dx\, dy.$$

Portanto,

$$\int_a^b \kappa_g(t)\, dt + \sum \alpha_i = \left(\int_a^b \theta'(t)\, dt + \sum \alpha_i\right) + \left(\int_a^b \langle X'(t), Y(t)\rangle\, dt\right)$$
$$= 2\pi - \iint_R K\, dx\, dy.$$

∎

Observação 6.2
Vejamos alguns casos especiais do teorema demonstrado.

1. Se S é o plano xy com orientação $N = (0,0,1)$, então

$$\iint K\, dx\, dy = 0 \text{ e } K_g = K_s.$$

Portanto,

$$\int_a^b k_{g(t)}dt + \sum \alpha_i = 2\pi.$$

Ou seja, uma generalização de Hopf geral.

2. Denotando

$$\Delta\theta \doteq \int_a^b K_g(t)\, dt + \sum \alpha_i,$$

verificamos que esse valor representa o deslocamento de ângulo da função ângulo de γ. Como nossa curva é fechada, a holonomia ao redor de γ é igual a uma rotação no sentido horário por $\Delta\theta$. O que o teorema de Gauss-Bonnet nos diz é que

$$\iint K\, dA = 2\pi - \Delta\theta.$$

3. Toda noção relativa aos ângulos (externos) tratada até aqui pode ser refeita para ângulos internos. Dessa forma, sobre as mesmas hipóteses de Gauss-Bonnet (local), substituindo

$$\beta_i \doteq \pi - \alpha_i,$$

a tese do teorema fica reescrita como

$$\int_a^b K_g(t)\, dt = \sum \beta_i - (n-2)\cdot \pi - \iint_R K\, dA,$$

em que n representa o número de vértices. Caso os segmentos de γ sejam linhas retas, então $k_g \equiv 0$ e Gauss-Bonnet se reduz a

$$\sum b_i = (n-2)\cdot \pi - \iint_R K\, dA.$$

O caso $n = 3$ nos fornece uma figura especial; nesse caso, γ é um triângulo geodésico e temos a seguinte fórmula:

$$(\beta_1 + \beta_2 + \beta_3) - \pi = \iint_R K\, dA.$$

Em palavras, no plano, a integral da curvatura mede a diferença de π da soma dos ângulos internos do triângulo. Em particular:

- Se $K > 0 \Rightarrow \beta_1 + \beta_2 + \beta_3 > \pi$, o triângulo é "gordo";
- Se $K < 0 \Rightarrow \beta_1 + \beta_2 + \beta_3 < \pi$, o triângulo é "magro".

6.3 Característica de Euler

Nesta penúltima seção, apresentamos os últimos resultados auxiliares para o teorema de Gauss-Bonnet em sua versão global. A beleza desse teorema está no fato de que ele relaciona a topologia de uma superfície com suas propriedades intrínsecas, as quais calculamos via cálculo diferencial.

Definição 6.3
Seja R uma região regular de uma superfície regular S.

1. Um triângulo S em é uma região poligonal em S com três vértices. Os segmentos que ligam os vértices são chamados de *arestas*.
2. Uma triangularização R de é uma família finita $\{T_1, ..., T_n\}$ de triângulos em S tais que
   a) $\cup T_i = R$.
   b) se $i \neq j$, então $T_i \cap T_j$ ou é vazia, ou é uma aresta em comum, ou um vértice comum de T_i e T_j.
3. A característica de Euler de uma triangularização $\{T_1, ..., T_n\}$ de R é o número
   $$\chi \doteq V - E + F,$$
   em que
   - F = número de faces dos triângulos
   - E = número de arestas (contadas apenas uma vez)
   - V = número de vértices

A seguir, listamos algumas propriedades sobre triangularizações e sobre a característica de Euler. As provas serão omitidas porque fogem do escopo de nosso livro.

1. Se R é uma região regular de uma superfície regular S, então existe uma triangularização. Além disso, $\chi(R)$ é invariante por escolha de triangularização.
2. Se S_g é uma superfície compacta com uma quantidade g de buracos/furos (ou genus), então
   $$\chi(S_g) = 2 - 2g.$$
   Em particular,
   $\chi(\text{esfera}) = 2$
   $\chi(\text{toro}) = 0$
3. Se S é homeomorfa a um disco, então
   $\chi(S) = 1$.

6.4 Teorema de Gauss-Bonnet global

Finalmente, podemos enunciar e demonstrar o último resultado de nosso livro.

Teorema 6.4

Seja S uma superfície regular orientada e $R \subset S$ uma região regular com componentes de fronteira orientadas positivamente e de velocidade unitária. Então,

$$\int_a^b \kappa_g(t)\, dt + \sum \alpha_i = 2 \cdot \pi \cdot \chi(S) - \iint_R K\, dA,$$

em que a primeira integral do lado esquerdo representa a soma das integrais da curvatura geodésica sobre todos os segmentos de todas as componentes de fronteira de R; $\sum \alpha_i$ representa a soma de todos os vértices das componentes de fronteira de R; e a integral da curvatura gaussiana indica a soma das integrais das curvaturas sobre as faces da triangularização.

Demonstração

Primeiramente, vamos estabelecer a notação que usaremos:

- m – número de vértices de todas as componentes de fronteira de R
- $\beta_i = \pi - \alpha_i$ ($\forall i = 1, ..., m$) – os ângulos internos
- $\{T_1, ..., T_n\}$ – uma triangularização de R
- E, V e F – número de arestas, vértices e faces
- E_{ext} e E_{int} – número de arestas interiores e exteriores com $E = E_{ext} + E_{int}$
- V_{ext} e V_{int} – número de vértices em ∂R e número de vértices fora de ∂R com $V = V_{ext} + V_{int}$

Note que, por indução, denotando por V_{ext}^+ o número de vértices exteriores, podemos verificar que

$$V = m + V_{ext}^+ + V_{int}.$$

Agora, escolhemos uma parametrização para cada triângulo de tal forma que sejam positivamente orientadas e de velocidade unitária. Para cada um dos triângulos $\{T_1, ..., T_n\}$, aplicamos o Gauss-Bonnet local e, somando todas as parcelas, obtemos

$$\sum_{i=1}^n \left(\int_{\partial T_i} \kappa_g(t)\, dt\right) + \sum_{i,k=1}^{n,3} \theta_{i,k} = 2 \cdot \pi \cdot n - \sum_{i=1}^n \left(\iint_{T_i} K\, dA\right),$$

em que $\theta_{i,1} + \theta_{i,2} + \theta_{i,3}$ representa a soma dos ângulos interiores de T_i. Vamos estudar cada uma das parcelas:

1. $\sum_{i=1}^{n} (\int_{\partial T_i} \kappa_g(t)\, dt) = \int \kappa_g(t)\, dt$

   pois a escolha de orientação foi feita de tal forma que cada aresta interior tem orientações opostas nos triângulos com interseção; logo as integrais no interior se cancelam, sobrando apenas a fronteira de R.

2. $\sum_{i=1}^{n} \left(\iint_{T_i} K\, dA \right)_i = \iint_R K\, dA$

   Por hipótese

   $$\sum_{i,j=1}^{n,3} \theta_{i,j} = \sum_{i,j} \pi - \sum \beta_i = 3 \cdot n \cdot \pi - \sum_{i,j=1}^{n,3} \beta_{i,j}$$

   $$= \left(2 \cdot E_{int} + E_{ext}\right) \cdot \pi - \sum_{i,j=1}^{n,3} \beta_{i,j}$$

Como as componentes de fronteira são curvas fechadas, temos $E_{ext} = V_{ext}$.

Além disso, as somas dos ângulos ao redor de cada vértice é $2 \cdot \pi$, então, podemos reescrever

$$\sum \beta_{i,j} = 2 \cdot \pi \cdot V_{int} + \pi \cdot V_{ext}^+ + \sum_k (\pi - \alpha_k).$$

Por fim, juntando todas as identidades e adicionando o termo $\pi \cdot E_{ext} - \pi \cdot E_{ext}$, obtemos

$$\sum_{i,j=1}^{n,3} \theta_{i,j} = 3 \cdot n \cdot \pi - (2 \cdot \pi \cdot V_{int}) - \left(\sum_{i}^{m} \beta_i + \pi \cdot V_{ext}^+\right)$$

$$= 3 \cdot \pi \cdot n - (2 \cdot \pi \cdot V_{int}) - \left((\pi \cdot m - \sum_{i=1}^{n} \alpha_i) + \pi \cdot V_{ext}^+\right)$$

$$= \sum_{i=1}^{n} \alpha_i + \pi \cdot \left(2 \cdot E_{int} + E_{ext}\right) - 2 \cdot \pi \cdot V_{int} - \pi \cdot V_{ext}^+ - \pi \cdot m$$

$$= \sum_{i=1}^{n} \alpha_i + 2 \cdot \pi \cdot E - 2 \cdot \pi \cdot V$$

Na passagem para a última igualdade, usamos $V_{ext} = E_{ext}$ e adicionamos $2 \cdot (\pi \cdot E_{ext} - \pi \cdot E_{ext})$.

Por fim, apenas para adequar com nosso enunciado, se $F_i = n$, juntando todas as parcelas calculadas em separado, encontramos

$$\int \kappa_g(t)\, dt + \sum \alpha_i = 2 \cdot \pi \cdot (-E + V + F) - \iint K\, dA = 2 \cdot \pi \chi(R) - \iint_R K\, dA.$$

∎

Síntese

Nosso último capítulo foi dedicado aos pré-requisitos e à prova do teorema de Gauss-Bonnet. Uma das belezas de tal resultado é sua não trivialidade e sua conexão com a topologia da superfície. Sua prova nos exigiu aplicação de conceitos vistos ao longo de todo o nosso texto, dessa forma, ele encerra nossos trabalhos e nos exibe uma aplicação mais avançada dos resultados vistos.

Atividades de autoavaliação

1) Seja S_n uma superfície orientada e compacta com um número n (natural) de furos (equivalente a um toro com n alças). Utilizando o fato: $\chi(S_n) = 2 - 2 \cdot n$, mostre que

$$\iint_{S_n} K\, dA = 4 \cdot \pi \cdot (1 - n).$$

2) Mostre que, se S é uma superfície difeomorfa ao toro, então

$$\iint_S K\, dA = 0.$$

3) Suponha que S seja uma superfície compacta com curvatura gaussiana estritamente positiva em todos os pontos. Mostre que S é difeomorfa à esfera.

4) Classifique as afirmações a seguir como verdadeiras (V) ou falsas (F):
   ( ) A integral da curvatura com sinal ao longo de uma curvatura sem cantos nunca é igual a 2π.
   ( ) Nas condições do teorema de Hopf, uma curva γ tem índice de rotação dado pela relação: $-\frac{1}{2\pi}\left(\theta(a) - \theta(b)\right)$.
   ( ) A integral da curvatura com sinal ao longo de uma curvatura sem cantos nunca é igual a 2π.

( ) O índice de rotação de uma curva sem cantos é sempre diferente de 1.

( ) Se existe uma curva fechada no plano, então, o plano se divide entre duas partes não limitadas.

( ) Uma curva é orientada negativamente quando a rotação por 90° de sua velocidade aportar para fora da curva fechada.

5) Classifique as afirmações a seguir como verdadeiras (V) ou falsas (F):

( ) O teorema de Gauss-Bonnet relaciona as curvatura geodésicas e gaussiana a menos de constantes.

( ) No plano a integral da curvatura mede a diferença de π da soma dos ângulos internos do triângulo. Dessa forma, um triangulo é gordo quando a soma de seus ângulos internos é menor do que π.

( ) Não existe uma formulação do teorema de Gauss-Bonnet para ângulos internos.

( ) Holonomia e Gauss-Bonnet são resultados que não se relacionam.

( ) Uma região é qualquer conjunto aberto e não conexo de uma superfície.

6) Classifique as afirmações a seguir como verdadeiras (V) ou falsas (F):

( ) O cálculo da característica de Euler não é preciso, pois ele conta as arestas mais de uma vez.

( ) A característica de Euler de uma superfície com g quantidade de genus é $2(1 - g)$.

( ) Não é possível calcular a característica de Euler de um disco, pois esse valor tende ao infinito negativo.

( ) A característica do poliedro tetraedro é 2.

( ) Não existem superfícies com característica de Euler negativa.

Atividades de aprendizagem

Questões para reflexão

1) Mostre que, se S é uma superfície regular com $K \leq 0$, então, duas geodésicas saindo do mesmo ponto $p \in S$ não se encontram em nenhum ponto $q \in S$ de forma que seus traços formam a fronteira de uma região simples em S.

2) Utilizando o teorema de Gauss-Bonnet, demonstre o teorema Egregium de Gauss (em dimensão $n = 3$).

Atividades aplicadas: prática

1) Seja S uma superfície regular compacta. Utilizando o teorema de Gauss-Bonnet, mostre que

$$\iint_S K\, dA = 2 \cdot \pi \cdot \chi(S).$$

2) Utilizando o exercício anterior, mostre que, se S é difeomorfa a $\mathbb{S}^2$, então

$$\iint_S K\, dA = 4 \cdot \pi.$$

Considerações finais

Neste livro, abordamos a teoria das superfícies diferenciáveis de $\mathbb{R}^2$ e de $\mathbb{R}^3$, da maneira clássica como introduzida por Gauss. Evidenciamos como a utilizar funções para estudar o comportamento (local) de objetos matemáticos. A característica principal desses objetos é que, localmente, eles se comportam como o plano ou o espaço tridimensional; assim, muitas das propriedades desses espaços podem ser utilizadas em seu estudo.

Por meio da abordagem conjunta entre derivadas parciais, equações diferenciais e aplicações lineares entre espaços vetoriais, desenvolvemos a teoria deste texto. Este é o ponto-chave do estudo da geometria diferencial: utilizar ferramentas analíticas e de álgebra linear para deduzir propriedades geométricas. Assim como exposto em nossa apresentação, partimos do conceito mais simples – uma curva no plano – para chegarmos a resultados não triviais, por exemplo Gauss-Bonnet.

Nesse contexto, esta obra reúne um conjunto de ideias inovadoras para a época, que permitiram o desenvolvimento de várias áreas, teorias e aplicações – não somente para a matemática e para a física, mas também para diversas aplicações no cotidiano. Destacamos, ainda, como a matemática tem um caráter unificador e como um campo pode valer-se de vários outros. Acreditamos que, ao final de nosso texto, você esteja preparado para desenvolver o estudo de teorias mais avançadas e modernas.

Referências

BIEZUNER, R. J. **Geometria diferencial**. UFMG, 2016. Notas de aula. Disponível em: <http://www.mat.ufmg.br/~rodney/notas_de_aula/geometria_diferencial.pdf>. Acesso em: 7 fev. 2019.

CARMO, M. P. **Geometria diferencial de curvas e superfícies**. 2. ed. Rio de Janeiro: SBM, 2007.

LEE, J. M. **Introduction to Smooth Manifolds**. 2. ed. Springer, 2003.

LIMA, R. F. **Introdução à geometria diferencial**. Rio de Janeiro: SBM, 2016.

PRESSLEY, A. N. **Elementary Differential Geometry**. 2. ed. Springer, 2010.

SPIVAK, M. A **Comprehensive Introduction to Differential Geometry**. 3. ed. Publish or Perish, 1999. v. 1-3.

TAPP, K. **Differential Geometry of Curves and Surfaces**. Springer, 2016.

TENENBLAT, K. **Introdução à geometria diferencial**. São Paulo: E. Blucher, 2008.

TU, L. W. **An Introduction to Manifolds**. 2. ed. Springer, 2011.

_____. **Differential Geometry**: Connections, Curvature, and Characteristic Classes. Springer, 2017.

Bibliografia comentada

CARMO, M. P. **Geometria diferencial de curvas e superfícies**. 2. ed. Rio de Janeiro: SBM, 2007.

Um dos maiores clássicos da área e escrito por um matemático brasileiro, é a base para a maior parte da literatura sobre o assunto. O livro demanda um estudo detalhado para a compreensão total de seu conteúdo.

PRESSLEY, A. N. **Elementary Differential Geometry**. 2. ed. Springer, 2010.

A leitura é simples e a obra traz muitas demonstrações. Uma grande vantagem desse livro é apresentar dicas e resoluções dos exercícios propostos.

SPIVAK, M. A **Comprehensive Introduction to Differential Geometry**. 3. ed. Publish or Perish, 1999. v. 1-3.

O autor dessa série de livros (composta de 5 volumes) escreve de forma elegante (e descontraída) os fundamentos e desdobramentos da teoria das superfícies e variedades. Sua abordagem é clara e didática. Há diversos exemplos e exercícios interessantes. Uma leitura de cabeceira para motivações e escrita matemática. Vale ressaltar que as primeiras edições contam com ilustrações feitas pelo próprio autor, todas desenhadas à mão.

TAPP, K. **Differential Geometry of Curves and Surfaces**. Springer, 2016.

Livro recente, com muitas motivações físicas e exemplos práticos (em cores). Aborda de forma satisfatória o conteúdo básico e intermediário do estudo das superfícies. Suas motivações são bem tangíveis. Apresenta um grande número de exercícios, que desenvolvem a intuição.

Respostas

CAPÍTULO 1

Atividades de autoavaliação

1) Utilize $\alpha(t) = (\cos(t), \text{sen}(t))$ e sua reparametrização $\bar{\alpha}(t) = (\cos(t^3 + t), \text{sen}(t^3 + t))$.

2) Temos

   a. $\kappa_1 = \dfrac{1}{\left(8 \cdot (1 - t^2)\right)^{\frac{1}{2}}}$

   b. $\kappa_2 = 1$

   c. $\kappa_3 = \text{sech}^2(t)$

   d. $\kappa_4 = \dfrac{1}{3 \cdot |\text{sen}(t) \cdot \cos(t)|}$

3) Utilizando a relação $\tau = \dfrac{\langle \alpha' \times \alpha'', \alpha''' \rangle}{\alpha' \times \alpha''^2}$, encontramos $\tau = \dfrac{b}{a^2 + b^2}$.

4) Basta utilizar um raciocínio análogo ao adotado nos exemplos do capítulo.

5) Basta observar que nenhum polinômio não nulo se anula em um intervalo I. Dessa forma, as entradas de α são polinômios de grau 1.

6) F, F, F, F, V.

7) F, F, V, F, F.

8) F, V, F, F, F.

9) V, F, F, F, F.

10) F, F, V, F, F.

Atividades de aprendizagem

Questões para reflexão

1) Note que $\alpha(t + 2 \cdot \pi) = \alpha(t)$ e que a única autointerseção ocorre em $\alpha\left(\dfrac{\pi}{3}\right) = \left(-\dfrac{1}{8}, 0\right)$.

Atividades aplicadas: prática

1) Temos
   a. $\alpha(t) = (\sec(t), \tan(t))$
   b. $\beta(t) = (2 \cdot \cos(t), 3 \cdot \text{sen}(t))$

2) Temos
   a. $x + y = 1$
   b. $y = (\ln(x))^2$

CAPÍTULO 2

Atividades de autoavaliação

1) Use a carta $\phi(x, y) = (a \cdot \cos(x) \cdot \cos(y), b \cdot \cos(x) \cdot \cos(y), c \cdot \text{sen}(x))$.

2) Basta pensar em um toro como um círculo rotacionado ao redor de um eixo.

3) Pense em um helicoide como uma curva aberta que descreve um círculo, porém se desloca nas direções do eixo z em ambos os sentidos.

4) Temos
   a. $2 \cdot x - 2 \cdot y - z = 0$
   b. $2 \cdot x + 2 \cdot y - z = 0$

5) Temos $N = \lambda(y) \cdot \left(-\cos(y) \cdot \cos\left(\dfrac{y}{2}\right), -\text{sen}(y) \cdot \cos\left(\dfrac{y}{2}\right), -\text{sen}\left(\dfrac{y}{2}\right)\right)$

em que $\lambda: (0, 2 \cdot \pi) \to \mathbb{R}$ é tal que $\lambda(y) = \pm 1$. Calculando os limites laterais de N tendendo à esquerda para 0 e à direita para $2 \cdot \pi$, temos $N = (-1, 0, 0)$ e $N = (1, 0, 0)$. Portanto, não é orientável.

6) V, F, F, F, F.

7) F, F, V, F, F.

8) F, F, F, V, F.

9) F, F, F, V, F.

10) F, V, F, F, F.

Atividades de aprendizagem

Questões para reflexão

1) Seja U um disco aberto em $\mathbb{R}^2$ e $S = \{(x, y, z) \in \mathbb{R}^3, (x, y) \in U, z = 0\}$. Se $W = \{(x, y, z) \in \mathbb{R}^3, (x, y) \in U\}$, então W é um aberto de $\mathbb{R}^3$ e $S \cap W$ é homeomorfo a U via $(x, y, 0) \mapsto (x, y)$. Portanto, U é uma superfície.

2) Para o cilindro, use: $U = \{(x, y) \in \mathbb{R}^2, 0 < x^2 + y^2 < \pi^2\}$ e defina a carta

$$\phi(x, y) = \left(\frac{x}{\sqrt{x^2 + y^2}}, \frac{v}{\sqrt{x^2 + y^2}}, \tan\left(\sqrt{x^2 + y^2} - \frac{\pi}{2}\right) \right).$$

Para a esfera: supondo (por absurdo) que exista uma única carta, então temos um homeomorfismo entre $\mathbb{S}^2$ e $U \subset \mathbb{R}^2$; note que a esfera é um conjunto fechado e limitado de $\mathbb{R}^3$, logo é compacto. Mas, então, U é um aberto e fechado conexo de $\mathbb{R}^2$, logo $U = \mathbb{R}^2$ é compacto. Dessa forma, chegamos a um absurdo.

3) Basta usar a restrição das cartas da superfície.

Atividades aplicadas: prática

1) Somente a.

CAPÍTULO 3

Atividades de autoavaliação

1)
- **a.** $du^2 + dv^2$,
- **b.** $v^2 \cdot du^2 + dv^2$,
- **c.** $2 \cdot \cosh^2(u) \cdot \cosh^2(v) \cdot du^2 + \operatorname{senh}(2 \cdot u) \cdot \operatorname{senh}(2 \cdot v) \cdot du \cdot dv + \operatorname{senh}^2(u) \cdot \cosh(2 \cdot v) \cdot dv^2$
- **d.** $(2 + 4 \cdot u^2) \cdot du^2 + 8 \cdot u \cdot v \cdot du \cdot dv + (2 + 4 \cdot v^2) \cdot dv^2$,
- **e.** $(1 + 4 \cdot u^2) \cdot du^2 + 8 \cdot u \cdot v \cdot du \cdot dv + (1 + 4 \cdot v^2) \cdot dv^2$

2)

a. $du^2 + \cos^2(u) \cdot dv^2$

b. dv^2

c. $\dfrac{2}{(1 + 4 \cdot u^2 + 4 \cdot v^2)^{\frac{1}{2}}} \cdot (du^2 + dv^2)$

3)

a. Todos os pontos são planares.

b. Todos os pontos são elípticos.

c. Todos os pontos são parabólicos.

d. Depende do raio usado na parametrização, em particular do fator $\dfrac{\cos(\theta)}{a + b \cdot \cos(\theta)}$ do cálculo da curvatura.

4) Se a primeira forma fundamental de duas superfícies é igual, então elas são proporcionais. Portanto, toda isometria é uma função conforme. Observe que a projeção estereográfica vai da esfera para o plano, mas não é uma isometria, pois $\lambda \neq 1$.

5) Como isometrias locais preservam a primeira forma fundamental, temos que $\sqrt{E \cdot G - F^2}$ é preservado.

6) Como N é perpendicular ao plano tangente, $N \times \phi_u$ é paralelo ao plano tangente, logo $N \times \phi_u = a \cdot \phi_u + b \cdot \phi_v$ (para a, b reais). Agora, note que

$\langle (N \times \phi_u), \phi_u \rangle = 0$

$\langle N \times \phi_u, \phi_v \rangle = \langle \phi_u \times \phi_v, N \rangle = \sqrt{E \cdot G - F^2}$

Portanto $a \cdot E + b \cdot F = 0$ e $a \cdot F + b \cdot G = \sqrt{E \cdot G - F^2}$, o que nos fornece

$a = -\dfrac{F}{\sqrt{E \cdot G - F^2}}$ e $b = \dfrac{E}{\sqrt{E \cdot G - F^2}}$.

Analogamente, pode ser usada para a outra relação.

7) F, V, F, F, F.

8) F, F, F, F, V.

9) V, F, F, F, F.

10) F, F, F, F, V.

11) F, V, F, F, F.

Atividades de aprendizagem

Questões para reflexão

1) Pela fórmula de Euler, podemos escrever a curvatura normal da seguinte forma: $\kappa_n = \kappa_1 \cdot \cos^2(\theta) + \kappa_2 \cdot \text{sen}^2(\theta)$. Logo,

$$\frac{1}{\pi} \cdot \int_0^\pi k_n(\theta) = \frac{1}{\pi} \cdot \kappa_1 \int_0^\pi \cos^2(\theta + \theta_0) + \frac{1}{\pi} \cdot \kappa_2 \int_0^\pi \text{sen}^2(\theta + \theta_0) = \kappa_1 + \kappa_2 = H.$$

2) Calculando sua primeira forma fundamental, encontramos $(1 + u^2 + v^2)^2 \cdot (du^2 + dv^2)$, que é um múltiplo de $(du^2 + dv^2)$.

Atividades aplicadas: prática

1) As duas primeiras identidades seguem da definição e do fato de N e $N \times \alpha''$ serem perpendiculares. A terceira equação segue do fato: $\alpha'' = \kappa_s \cdot n$ (n norma); e a última, diretamente da segunda equação.

CAPÍTULO 4

Atividades de autoavaliação

1) Como $\{\phi_u, \phi_v\}$ é uma base do espaço tangente, por definição α é uma geodésica se, α'' e somente se, for perpendicular a ϕ_u e ϕ_v. Segue de $\alpha' = u' \cdot \phi_u + v' \cdot \phi_v$ que

$$\left\langle \frac{d}{dt}(u' \cdot \phi_u + v' \cdot \phi_v), \phi_u \right\rangle = 0 \text{ e } \left\langle \frac{d}{dt}(u' \cdot \phi_u + v' \cdot \phi_v), \phi_v \right\rangle = 0$$

Note que

$$\left\langle \frac{d}{dt}(u' \cdot \phi_u + v' \cdot \phi_v), \phi_u \right\rangle - \left\langle (u' \cdot \phi_u + v' \cdot \phi_v), \frac{d}{dt}\phi_u \right\rangle$$

$$= \frac{d}{dt}(E \cdot u' + F \cdot v') - \left\langle (u' \cdot \phi_u + v' \cdot \phi_v), (u' \cdot \phi_{uu} + v' \cdot \phi_{uv}) \right\rangle$$

$$= \frac{d}{dt}(E \cdot u' + F \cdot v') - (u')^2 \cdot \langle \phi_u, \phi_{uu} \rangle + u' \cdot v' \cdot \left(\langle \phi_u, \phi_{uv} + \phi_v, \phi_{uu} \rangle\right) + (v')^2 \cdot \langle \phi_v, \phi_{uv} \rangle.$$

Agora, usamos

$$\langle \phi_u, \phi_{uu} \rangle = \frac{1}{2} \cdot E_u \text{ e } \langle \phi_v, \phi_{uv} \rangle = \frac{1}{2} \cdot G_u$$

Basta substituir essas identidades na equação or deduzida. Analogamente, mostramos a outra igualdade.

2) Note que essa superfície é uma esfera. Devemos encontrar suas geodésicas como parte de grandes círculos.

3) Basta calcular a primeira forma fundamental e substituir nas equações. Assim, encontramos $u'' = v'' = 0$.

4)
   a. Sejam S_1 e S_2 as superfícies e $f: S_1$ e S_2 a isometria local. Considere α_1 geodésica em S_1. Seja p um ponto em α_1 e $\phi(u, v)$ uma parametrização de S_1 tal que p está em sua imagem. Então, a parte de α_1 que pertence à parametrização é dada por $\alpha_1(t) = \phi(u(t), v(t))$ com u e v satisfazendo as equações geodésicas do exercício 2. Como $f \circ \phi$ é uma parametrização para S_2, os coeficientes da primeira forma fundamental de S_1 e S_2 são os mesmos. Então, pelo exercício 2, a curva $\alpha_2(t) = f \circ \phi(u(t), v(t))$ é uma geodésica de S_2. Isso implica α'' ser perpendicular a $f(p) \in S_2$ para qualquer p. Portanto, α_2 é uma geodésica em S_2.

   b. Utilize a isometria local $\phi(u, v) \mapsto \left(u \cdot \sqrt{2} \cdot \cos\left(\frac{v}{\sqrt{2}}\right), u \cdot \sqrt{2} \cdot \operatorname{sen}\left(\frac{v}{\sqrt{2}}\right), 0 \right)$.

5) A ideia é utilizar as equações diferenciais das geodésicas em função dos símbolos de Christoffel. A primeira forma fundamental de ϕ é $du^2 + f^2(u) \cdot dv^2$, para o caso em que $v \equiv cte$.

6)
   a. Faça $w = \alpha'$ no exercício anterior.

   b. Ao longo da curva $v \equiv cte$, temos $v' \equiv 0$; e de $u = u(t)$, temos $u' = \frac{1}{\sqrt{E}}$. Logo,

   $$(\kappa_g)_1 = -\frac{E_v}{2 \cdot E \cdot \sqrt{G}}.$$

   Analogamente,

   $$(\kappa_g)_2 = \frac{G_u}{2 \cdot G \cdot \sqrt{E}}$$

   Note que

   $$\sqrt{E} \cdot u' = \left\langle \alpha', \frac{\phi_u}{\sqrt{E}} \right\rangle = \cos(\theta) \text{ e } \sqrt{G} \cdot v' = \operatorname{sen}(\theta).$$

   Por fim, basta substituir os coeficientes na igualdade do exercício anterior e obtemos a fórmula desejada.

7) F, F, V, F, F.

8) V, F, F, F, F.

9) F, F, F, F, V.

10) F, F, F, F, V.

11) F, V, F, F, F.

Atividades de aprendizagem

Questões para reflexão

1) Duas linhas paralelas ao eixo de abertura do paraboloide; os círculos dados por $x^2 + y^2 = 1$ e $z = 0$; e a hipérbole $x^2 - z^2 = 1$ e $y = 0$.

2) Seja $e_1 = \dfrac{\phi_u}{\sqrt{E}}$ e $e_2 = \dfrac{\phi_v}{\sqrt{G}}$. Note que $e_1 \times e_2 = N$ = orientação de S. Das hipóteses, temos

$$\left[\frac{Dw}{dt}\right] = \left[\frac{De_1}{dt}\right] + \theta'$$

em que $e_1(t) = e_1(u(t), v(t))$ é o campo restrito à curva $\phi(u(t), v(t))$. Disso resulta:

$$\left[\frac{De_1}{dt}\right] = e_1',\ N \times e_1 = \langle e_1', e_2 \rangle = \langle (e_1)_u, e_2 \rangle \cdot u' + \langle (e_1)_v, e_2 \rangle \cdot v'.$$

Como $F = 0$, temos $\langle \phi_{uu}, \phi_v \rangle = -\dfrac{1}{2} \cdot E_v$. Segue

$$\langle (e_1)_u, e_2 \rangle = \left\langle \left(\frac{\phi_u}{\sqrt{E}}\right)_u, \frac{\phi_v}{\sqrt{G}} \right\rangle = -\frac{1}{2} \cdot \frac{E_v}{\sqrt{E \cdot G}}.$$

Analogamente,

$$\langle (e_1)_v, e_2 \rangle = \frac{1}{2} \cdot \frac{G_u}{\sqrt{E \cdot G}}.$$

Por fim, basta substituir na relação anterior e encontramos a fórmula desejada.

Atividades aplicadas: prática

1) Usando os símbolos de Christoffel, temos

$$v' = a' \cdot \phi_u + b' \cdot \phi_v + a \cdot u' \cdot \left(\Gamma^1_{11} \cdot \phi_u + \Gamma^2_{11} \cdot \phi_v + e \cdot N\right)$$
$$+ \left(a \cdot v' + b \cdot u'\right) \cdot \left(\Gamma^1_{12} \cdot \phi_u + \Gamma^2_{12} \phi_v + f \cdot N\right) + b \cdot v' \cdot \left(\Gamma^1_{22} \cdot \phi_u + \Gamma^2_{22} \cdot \phi_v + g \cdot N\right).$$

Como v é paralelo ao longo de α se, e somente se, v' for paralelo a N, os coeficientes de ϕ_u e ϕ_v na igualdade anterior devem ser nulos.

CAPÍTULO 5

Atividades de autoavaliação

1) F, F, F, F, V.

2) V, F, F, F, F.

3) F, F, F, V, F.

4) F, F, V, F, F.

5) F, F, V, F, F.

Atividades de aprendizagem

Questões para reflexão

1) Por um lado, temos

$$K = \frac{e \cdot g - f^2}{E \cdot G - F^2} = -1.$$

Por outro lado, verificamos que $K = 0$. Disso segue a igualdade desejada.

2) Usando as equações de compatibilidade, verificamos que

$$2 \cdot (E \cdot G - F^2) \cdot \left(\Gamma_{11}^1 + \Gamma_{12}^2\right) = G \cdot E_u - 2 \cdot F \cdot F_u + E \cdot G_u = (E \cdot G - F^2)_u$$

$$\Rightarrow \left(\Gamma_{11}^1 + \Gamma_{12}^2\right) = \frac{(E \cdot G - F^2)_u}{2 \cdot (E \cdot G - F^2)} = (ln(\sqrt{E \cdot G - F^2}))_u$$

3) Utilizando a fórmula para a curvatura gaussiana em símbolos de Cristoffel, temos que

$$K = \left(\Gamma_{11}^2\right)_v + \Gamma_{11}^2 \cdot \Gamma_{22}^2 = -\frac{\theta_{uv}}{\operatorname{sen}(\theta)}.$$

4) Note que

$$\Gamma_{11}^1 = \frac{E_u}{2 \cdot E}, \; \Gamma_{11}^2 = -\frac{E_v}{2 \cdot G}, \; \Gamma_{12}^1 = \frac{E_v}{2 \cdot E}, \; \Gamma_{12}^2 = \frac{G_u}{2 \cdot G}, \; \Gamma_{22}^1 = -\frac{G_u}{2 \cdot E}, \; \Gamma_{22}^2 = \frac{G_v}{2 \cdot G}$$

Então, as equações de compatibilidade nos fornecem

$$e_v = \frac{1}{2} \cdot E_v \left(\frac{e}{E} + \frac{g}{G}\right) = \frac{1}{2} \cdot E_v (\kappa_1 + \kappa_2) \text{ e } g_u = \frac{1}{2} \cdot G_u \cdot \left(\frac{e}{E} + \frac{g}{G}\right) = \frac{1}{2} \cdot G_u \cdot (\kappa_1 + \kappa_2)$$

Agora, usando

$$\kappa_1 = \frac{e}{E} \Rightarrow e_v = (\kappa_1)_v \cdot E + \kappa_1 \cdot E_v.$$

Dessa forma,

$$(\kappa_1)_v = \frac{1}{E} \cdot (e_v - \kappa_1 \cdot E_v) = \frac{1}{2} \cdot \frac{E_v}{E} \cdot (\kappa_2 - \kappa_1).$$

Com um raciocínio análogo, temos a outra igualdade.

Atividades aplicadas: prática

1) Uma função de uma região da Terra que não comete distorções é um difeomorfismo entre uma região de uma esfera e uma região de um plano. Tal função deve apenas multiplicar as distâncias por um escalar. Compondo essa função com a aplicação $x \mapsto C^{-1} \cdot x$ do plano para o plano, obtemos uma isometria de uma região do plano e uma região da esfera.

Agora note que o teorema Egregium nos diz que a curvatura gaussiana de uma superfície é preservada por isometrias locais. Mas temos que a curvatura gaussiana do plano é zero e a da esfera é o inverso de seu raio ao quadrado.

Portanto, não pode existir tal função.

2) Segue a relação

$$K = \frac{\det[\phi_{uu}\ \phi_u\ \phi_v] \cdot \det[\phi_{vv}\ \phi_u\ \phi_v] - \det[\phi_{uv}\ \phi_u\ \phi_v]^2}{\left(\|\phi_u\|^2 \cdot \|\phi_v\|^2 - \langle \phi_u, \phi_v \rangle\right)^2}$$

3) Basta seguir a dica do enunciado e usar o exercício anterior.

4) Basta seguir a dica do enunciado e usar o exercício anterior.

5) Basta seguir a dica do enunciado e usar o exercício anterior.

6) Basta aplicar as hipóteses no item anterior.

7) Calculando a primeira forma fundamental e substituindo na fórmula, temos

$$a = \frac{1}{(1 + x^2 + y^2)^2} \text{ e } b = \frac{\cos(u)}{b \cdot (a + b \cdot (u))}.$$

8) Basta comparar os valores das curvaturas gaussianas.

CAPÍTULO 6

Atividades de autoavaliação

1) Segue diretamente da hipótese aplicada ao exercício 3.

2) Utilize o exercício anterior e o fato: $\chi(S) = 1$.

3) Observe que

$$K > 0 \Rightarrow \iint_S K dA > 0.$$

Combinando esse fato com o exercício 5, devemos ter $n < 1$. Mas, como n é natural, isso implica $n = 0$. Portanto, $\chi(S) = 0$ e é difeomorfa à esfera.

4) F, V, F, F, F

5) V, F, F, F, F

6) F, V, F, V, F

Atividades de aprendizagem

Questões para reflexão

1) Supondo por absurdo que as geodésicas se encontram, por Gauss-Bonnet, teríamos

$$\beta_1 + \beta_2 = \iint_R K dA \leq 0,$$

em que β_1, β_2 são os ângulos internos formados em p e q. Então, $\beta_1 = \beta_2 = 0$, mas isso contradiz a unicidade das geodésicas.

2) Dado $p \in S$, considere para cada $n \in \mathbb{N}$ ε_n suficientemente pequenos e tal que $\varepsilon_n \to 0$ (decrescentemente), de maneira que p esteja contido em um triângulo geodésico T_n. Definindo $\Sigma \alpha_n$ a soma dos ângulos de T_n, por Gauss-Bonnet, temos

$$\int_{T_n} K dA = \Sigma \alpha_n - \pi$$

Aplicando o teorema do valor médio para integrais, para cada n, existirá $p_n \in T_n$ tal que

$$\int_{T_n} K dA = K(p_n) \cdot \Delta(T_n)$$

Daí,

$$K(p) = \lim_{n \to \infty} K(p_n) = \lim_{n \to \infty} \frac{\Sigma \alpha_n - \pi}{\Delta(T_n)}.$$

Como o lado direito depende apenas da primeira forma fundamental, segue o teorema Egregium.

Atividades aplicadas: prática

1) Como a superfície é compacta e regular, pode ser considerada como uma região sem componentes de fronteira. Como a fronteira é vazia, todos os cantos de uma triangularização não terá cantos interiores. Portanto, segue o resultado, via teorema de Gauss-Bonnet global.

2) Segue diretamente do fato: $\chi(\mathbb{S}^2) = 2$.

Sobre o autor

Willian Goulart Gomes Velasco é bacharel e mestre em Matemática pela Universidade Federal de Santa Catarina e doutorando na Universidade Federal do Paraná. Suas áreas de interesse são geometria e álgebra.

Impressão:
Novembro/2019